D1870600

Schirner Verlag

STEPHANIE OSTENDORF

Ich lerne von dir – du lernst von mir

Reiten im Sinne der Pferde

Schirner Verlag

ISBN 978-3-8434-1053-3

Stephanie Ostendorf:
Ich lerne von dir – du lernst von mir
Reiten im Sinne der Pferde

Umschlag: Murat Karaçay, Schirner,
unter Verwendung von # 1785057
(Kai Koehler), www.fotolia.de
Redaktion: Tamara Kuhn, Schirner
Satz: Aileen Roloff, Schirner
Printed by: OURDASdruckt!, Celle, Germany

www.schirner.com

1. Auflage April 2012

Inhalt

Reiten geht nur über die intensive Arbeit an sich selbst. Nur so kommt man voran. Auch reiterlich. Denn was reiterlich geht, ist auch innerlich ... Wir reiten jetzt nach innen ... Wir reiten in unsere innere Mitte ... Dort treffen wir uns und verschmelzen zur Einheit. Das ist dann Glück.

Wetlock (Warmblut, 14 Jahre)

Hinter die Fassade blicken

Dieses Buch habe ich unter anderem für die vielen Suchenden geschrieben, die eine sanfte, pferdegerechte Reitweise ohne größeren Kraftaufwand und im Einklang mit dem tierischen Partner anstreben.

Zur Einstimmung

Auf dem Hof einer Freundin bot ich vor einer Weile einen Kurs über Pferdetraining an. Bei der Vorstellung beschrieb die Freundin meine Arbeit als individuell und einfühlsam. Zu meinen Erfahrungen sagte sie, dass ich unter anderem mit vielen sehr schwierigen Pferden gearbeitet hätte. Als ich das hörte, setzte ich sofort zum Widerspruch an.

Doch dann hielt ich inne. Mir wurde bewusst, dass tatsächlich viele der Pferde, mit denen ich schon gearbeitet hatte, als »schwierig«, »gefährlich«, »verritten« oder sogar »unreitbar« aufgegeben geworden waren. Allerdings hatte ich das im direkten Kontakt mit diesen Tieren nie so empfunden. Solche Kategorisierungen werden lediglich von einigen Menschen verwendet, die es sich leicht machen wollen, weil die Tiere nicht so »funktionieren«, wie sie sollen.

Für mich waren die Pferde einfach unglückliche Persönlichkeiten, deren Geschichten ich zu verstehen versuchte. Deren Ängste, deren seelische und körperliche Schmerzen ich lindern wollte. Die ich ein wenig mit ihrem Leben und uns Menschen versöhnen wollte.

Auch meine eigenen beiden Pferde, die Sie im Laufe des Buches kennenlernen werden, waren der allgemeinen Definition nach ebenfalls mindestens »schwierig«. Mein großes Pferd Tasso hatte, bevor es zu mir kam, mehrere Pfleger krankenhausreif getreten. Mein Pony Ben Cartwright wollte mit Menschen erst einmal gar nichts mehr zu tun haben. Für mich waren die beiden jedoch schon immer geachtete Lehrer und geliebte Familienmitglieder.

»Gefährlich«, »verrückt«, »böse«, »abgeschaltet« oder was auch immer – nein, ein Pferd, auf das eine solche Bezeichnung zuträfe, habe ich nie kennengelernt. Im Rahmen meines Studiums und meiner Tätigkeit als Diplom-Pädagogin habe ich mir zu viele psychologische Grundlagen angeeignet, als dass ich ein Lebewesen auf diese Art vorverurteilen würde. Ich sehe bei solchen Pferden Schutz- und somit Überlebensmechanismen, die sich, sofern man etwas über die Lebensgeschichte des jeweiligen Pferdes erfahren kann, nur allzu gut nachvollziehen lassen.

Der Versuch, das auffällige Verhalten von Pferden über das Betrachten ihrer Vergangenheit zu verstehen und im empathischen Training zu verändern, ist die eine, die rationale Seite. Wie bei fast allem im Leben gibt es jedoch mindestens eine weitere Betrachtungsweise. Denn wenn ich mich von ihnen führen ließ und auch den einen oder anderen Blick über den Tellerrand wagte, konnte ich gerade von solchen Pferden oftmals am meisten lernen.

Schon als Kind fühlte ich mich zu den sogenannten gefährlichen Pferden am meisten hingezogen. Ich erinnere

Zu Beginn unserer gemeinsamen Zeit ließ Ben sich zwar davon überzeugen, dass gemeinsames Training Spaß machen kann, aber sein Misstrauen behielt er noch lange bei, was sich stets in dem für ihn typischen »Griesgramgesicht« zeigte.

mich, dass ich als zehn- oder elfjähriges Mädchen in unbeobachteten Momenten immer wieder zu einem Voltigierpferd in den Ständer schlich (damals war es leider noch nicht verboten, Pferde in schmalen Buchten am Kopf angebunden aufzustallen). Ich musste dafür an den wirbelnden Hufen – das Pferd schlug tatsächlich nach hinten und nach vorne aus – und den schnappenden Zähnen vorbei. War ich endlich aus dieser Gefahrenzone, saß ich auf der Futterkrippe des Wallachs, kraulte ihm die Zunge, was er liebte, und versprach ihm, alles zu tun, um ihn aus seinem Unglück zu befreien.

Schon damals war mir klar, dass aggressives Verhalten von Pferden meist nur ein Zeichen von schlechter Haltung und grober Behandlung ist. Zwar tat ich wirklich alles, was in meiner Macht stand, doch ein kleines Mädchen konnte leider nie genug tun, um den für ein Schulpferd damals (und in vielen Reitställen heute noch) unvermeidlichen Weg zum Schlachter abzuwenden. Wie diesen Wallach habe ich danach noch einige gute Freunde in den Tod gehen lassen müssen.

Mehr als zehn Jahre später leitete ich selbst eine Voltigiergruppe und arbeitete mit »meinen« Kindern pädagogisch anders. Für uns war »unser« Voltigierpferd Freund und Trainingspartner – nicht Sportgerät.

Als es für dieses Pferd abzusehen war, dass es gesundheitlich und psychisch nicht mehr lange durchhalten würde, begannen wir, für den Kaufpreis Geld zu sammeln, und finanzierten den monatlichen Unterhalt über Patenschaften.

So kam Tasso in mein Leben. Sobald es mir möglich war, entließ ich die Kinder und ihre Eltern aus den finanziellen Verpflichtungen. Den Kontakt zu Tasso halten viele seiner damaligen Retterinnen und Retter aber noch heute.

Anhand dieser Erfahrungen und mit der Unterstützung dieses wundervollen Pferdes habe ich meine einfühlsame Trainingsmethode entwickelt, von der inzwischen viele »schwierige«, aber natürlich auch eine Menge glücklicher und zufriedener Pferde profitieren konnten.

Die Tierkommunikation kam schließlich als letzte Abrundung der Trainingsmethode hinzu. Sie ermöglicht mir nun sogar die direkte Rücksprache mit den Pferden.

Die Grundsätze meines Trainings lauten:

All das, was wir mit unserem Pferd trainieren – im alltäglichen Miteinander im Stall und auf der Koppel, im Sport oder in der Freizeit –, soll die Bindung zu unserem tierischen Partner festigen.

Unser Ziel soll es sein, mit unserem Pferd emotional, mental und letztendlich auch physisch übereinzukommen.

Das Training soll uns dabei helfen, unser Pferd als Lehrmeister für mehr Authentizität zu erkennen. Hören wir dem Pferd zu, lehrt es uns, eine Deckungsgleichheit, eine Kongruenz zwischen Fühlen, Denken und Tun zu erreichen.

So, und nun muss ich, um die Substanz und Motivation meines Pferdetrainings und des Reitens im Sinne der Pferde zu erklären, doch ein einziges Mal ein wenig sentimental werden.

Meiner Ansicht nach sollte der Sinn des Lebens aus zwei Dingen bestehen: der Liebe und dem Lernen. Die Liebe ist die Grundlage, die Essenz und die Kraftquelle, nach der wir alle streben. Das Lernen ist die Triebfeder, die uns dabei weiterbringt. Eine Voraussetzung für das Lernen ist die Neugierde – die »Gier nach Neuem«.

Und damit lässt sich der Bogen zurück zu den sogenannten schwierigen Pferden schlagen: Ich bin davon überzeugt, dass alle höheren Lebensformen eine angeborene Neugierde haben. Doch im Umgang mit uns Menschen werden viele Pferde leider dazu gezwungen, lediglich zu »funktionieren« wie Sportgeräte oder gar Maschinen. Ihre Neugierde wird dabei oft unterdrückt oder sogar bestraft.

Deshalb sind meine obersten Ziele im Training auch, das Vertrauen eines Pferdes zu gewinnen und seine Neugierde wieder zu wecken. Ist ein Pferd erst einmal wieder »gierig auf Neues«, das es mit uns Menschen erfahren kann, kehrt sich oftmals das Verhältnis von Vorschlägen und deren Ausführung um. Das heißt, das Pferd bekommt Ideen für neue, weiterführende Übungen und schlägt diese vor. Wir Menschen müssen daher lernen, Bewegungsansätze als Übungsvorschläge zu erkennen und aufzugreifen. Das Pferd bekommt eine unbändige Lust zu üben, zu lernen, die eigenen Grenzen zu erweitern.

In solchen Phasen des Trainings erhöht das Pferd manchmal das Tempo, mit dem es Fortschritte macht, derart, dass ich – im übertragenden Sinne – das Gefühl habe, hinterherzulaufen. Das Pferd und ich begeistern uns dann gegenseitig. Ich darf an der Freude des Tieres teilhaben und erreiche so gemeinsam mit ihm neue Höhepunkte.

Das ist Glück. Das ist Lernen. Das ist der Sinn des Lebens. Oder?

Eine liebe Freundin von Tasso und mir, Anneke Polenski, hat dazu ein sehr passendes Gedicht geschrieben:

leben

die atemfahne
in der morgenkühle erinnert:
zu leben sind wir gekommen

nicht weniger

ekstatisch ruft die sonne
am horizont
die farben
die musik
in die stunden

koste aus diesem kelch
der sich nie leert

gehst du vorbei
bist du wie diese gestalten
die sich langsam
im nebel
verlieren

Die Suche nach »Richtig« und »Falsch«

In meiner Zeit als Pferdetrainerin und Reitlehrerin habe ich viele Reiter kennengelernt, die gerne einen sanften und liebevollen Weg im Zusammensein mit Pferden beschreiten möchten und oft schon lange Zeit auf der leidvollen Suche nach dem »passenden« Reitlehrer sind. Viele dieser Reiter oder auch Mensch-Pferd-Paare haben sich schon ein einigermaßen sicheres Gleichgewicht aufgebaut, sind in der Hilfengebung und den Grundübungen (z. B. Schritt, Trab, Halt und Kurven) recht fähig. Doch vielen fehlt bei ihrer Suche nach dem »richtigen« Lehrer die Orientierung.

In vielen gemeinsamen Jahren sind wir drei durch Höhen und Tiefen gegangen.

Dieses Buch habe ich unter anderem für die vielen Suchenden geschrieben, die eine sanfte, pferdegerechte Reitweise ohne größeren Kraftaufwand und im Einklang mit dem tierischen Partner anstreben.

Natürlich habe auch ich eine Reitweise, die ich favorisiere. Doch in Akzeptanz der Individualität aller Reiter und Pferde versuche ich, mich in dem, was ich lehre, ganz bewusst nicht festzulegen, damit ich Vorlieben oder bewährte Bereiche nicht abwerte. Beispielsweise mag ich es am liebsten, die Hilfengebung am Gebiss hauptsächlich nach oben auszurichten, um keinen Druck auf die Pferdeladen auszuüben und später am leicht durchhängenden Zügel reiten zu können. Doch wenn ein Pferd-Reiter-Paar lieber mit nach hinten wirkenden Zügelhilfen übt (und dabei sanft im Einklang ist), verändere ich daran nichts.

Insofern habe ich auch versucht, dieses Buch nicht auf eine Reitweise festgelegt zu schreiben, sondern vor allem die Sichtweisen und Wünsche der Pferde in den Vordergrund zu stellen.

Anhand von Übungen für Intensität, Innenschau, Atmung und Losgelassenheit biete ich Ihnen daher einige Möglichkeiten an, die innere Verbindung zum Pferd zu vertiefen. Ich habe mich bemüht, viele meiner mentalen, atemtechnischen oder inhaltlichen Hilfestellungen für den Reiter aufzuschreiben. Sie können unabhängig von der Reitweise, der Zielsetzung oder der inhaltlichen Philosophie von jedem angewandt werden.

Auch kann ich hoffentlich so manche Frage nach dem »Warum« beantworten, die viele Reiter und somit vielleicht auch Sie im täglichen Umgang mit Pferden haben.

Und – das habe ich mir vorgenommen – die Pferde werden häufig selbst zu Wort kommen, so, wie der 24-jährige Warmblutwallach Blaustern es mir aufgetragen hat:

Außerdem möchte ich, dass du beim nächsten Buch so weise alte Pferde wie mich zitierst. Wir sagen dir, warum etwas wichtig ist, und du sagst dann den Menschen, wie es geht.

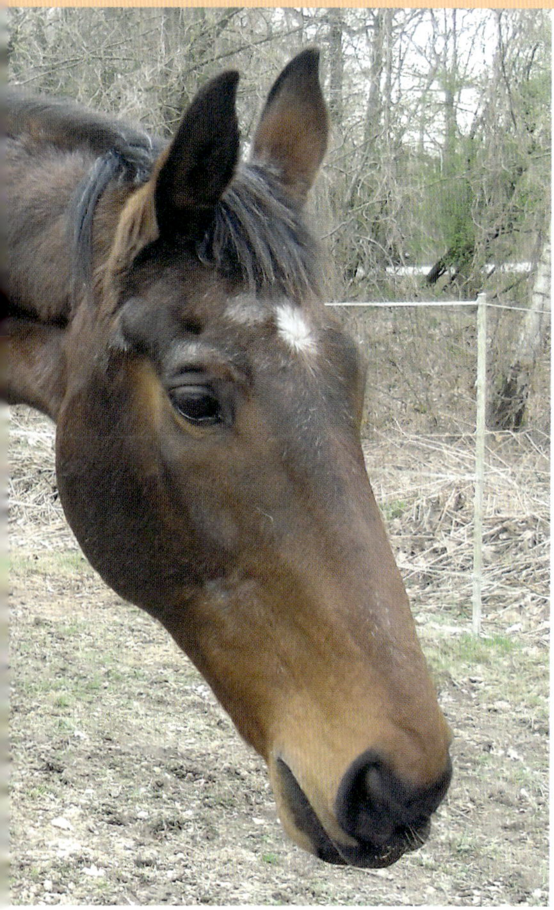

Als kritischer, selbstverantwortlicher Mensch sind Sie jetzt hoffentlich skeptisch. Doch ich baue darauf, dass Ihre Offenheit und Ihre Neugierde dafür sorgen, dass Sie dieses Buch nicht gleich in die Schublade für »abgehobenes Geschwafel« legen.

Lassen Sie mich auf den folgenden Seiten ein paar Worte zur Tierkommunikation sagen. Die meisten Menschen reagieren – zum Glück – zunächst wie Sie und sind dann positiv überrascht, wie bodenständig eine solche Kommunikation abläuft. Wagen Sie, wie ich es anfangs auch getan habe, einfach einen unvoreingenommenen Blick über den Tellerrand.

Bleiben Sie gerne skeptisch, denn ich stimme Ihnen zu, dass es gerade im spirituellen Bereich (zu dem ich übrigens die Tierkommunikation an sich gar nicht zähle – sie ist meiner Ansicht nach lediglich eine unbekanntere Form, sich zu unterhalten) viele »Quacksalber« gibt, die die Leichtgläubigkeit mancher Menschen ausnutzen.

Für dieses Buch habe ich einige Pferde zu bestimmten Themen rund um das Reiten befragt, und die Antworten, die ich bekommen habe, sind oftmals weniger technisch als emotional.

Da die Pferde durch ihre Äußerungen viele Kapitel in zuvor ungeahnte und somit ungeplante Richtungen gelenkt haben, wurde das Schreiben für mich zu einem besonders spannenden und lehrreichen Vergnügen – und genau dieses Vergnügen wünsche ich auch Ihnen beim Lesen und Ausprobieren.

Ihre Stephanie Ostendorf

Telepathische Kommunikation

Die Sprache der Telepathie ist sozusagen universell und vollzieht sich wahrscheinlich in Bildern, Gerüchen, Gefühlen und auch Geräuschen. Je nach unserem eigenen Vermögen übersetzen wir dann das uns Übermittelte sofort in unsere Sprache, in vergleichbare Bilder, Gerüche, Gefühle und Geräusche.

Die etwas andere Art, von Pferden zu lernen

Schön, dass Sie weiterlesen! Es gibt so viele Bücher, in denen Menschen über das Training von Pferden schreiben, dass es mal wieder an der Zeit ist, dass die Pferde sich **selbst** dazu äußern können.

Vor einigen Jahren schenkte mir eine Reitschülerin das Buch »Der sechste Sinn« von Carola Lind und Karin Müller. Sie wunderte sich, dass ich nicht schon längst mit meinen Tieren kommunizierte, weil ich schon damals ein sensibles und empathisches Verhältnis zu ihnen hatte. In der Tat war dies das letzte Glied, das mir in der Kette noch fehlte.

Seit ich an einigen Kursen der Autorin teilgenommen habe, kann ich endlich direkt mit den Pferden Rücksprache halten, ob der eingeschlagene Trainingsweg für sie der richtige ist, welche Wünsche sie haben und welche Ziele sie anstreben.

Was ist denn nun ein empathischer/telepathischer Sinn? Hierzu möchte ich erst einmal darauf hinweisen, dass wir alle über ein Gespür verfügen, das uns rein subjektiv mitteilt, was sich »richtig« und was sich »falsch« anfühlt. Man kann das »Intuition« oder »Bauchgefühl« nennen. Im Allgemeinen wird die Intuition meist als ganzheitliche und unmittelbare Sinneswahrnehmung definiert.

Neuere Erkenntnisse der Hirnforschung messen hierfür sogenannten Spiegelneuronen eine große Bedeutung bei. Gehen wir auf jemand anderen (z. B. Mensch oder Pferd) zu, greifen wir erst einmal auf Erfahrungen zurück, die wir bereits gemacht haben, und vergleichen diese mit dem, was uns aktuell begegnet.

Analysieren, Auseinandernehmen, Anwenden von Techniken, Verstehen usw. ist unbestritten auch im Zusammensein mit Pferden wichtig. Aber die Würze, die Begeisterung, das Gefühl – all dies kommt aus dem Bauch! All dies entsteht im Zusammenwirken aller Sinne, die auf unser Pferd gerichtet sind. Das ist meiner Meinung nach eine der wichtigsten Säulen im Umgang mit anderen Lebewesen, nicht nur im Training mit Pferden.

Der nächste Schritt ist die Betonung oder, wenn nötig, Wiedererweckung des eigenen Einfühlungsvermögens, der Empathie. Darunter verstehe ich die Fähigkeit, sich in das Gegenüber einzufühlen, das heißt, sich in das Individuum hineinzuversetzen.

Die Interpretation der Körpersprache des Pferdes (das »Dolmetschen«) in Kombination mit diesem Einfühlungsvermögen ist etwas, was jeder lernen kann, weil jeder die Fähigkeit zur Empathie bzw. in ihrer Weiterführung der Telepathie bereits in sich trägt. Genau wie die Empathie ist die Telepathie eine Fähigkeit, die uns allen gegeben ist. In unserer zivilisierten Gesellschaft haben wir im Laufe der Zeit nur verlernt, sie zu nutzen.

Das Erlernen bzw. Wiederentdecken dieser Fähigkeiten ist etwas, was ich mit diesem Buch unterstützen möchte. Doch missverstehen Sie mich bitte nicht: Dies ist kein telepathisches Lehrbuch. Dazu würde ich Ihnen gezielt Bücher oder Kurse empfehlen. Das geht nicht »nebenbei«. Dennoch möchte ich kurz die Telepathie aus meiner Sicht definieren:

Der Begriff »Telepathie« ist aus den griechischen Wörtern *tēle*, »fern« oder »weit«, und *páthos*, »Gefühl« oder »Leiden«, zusammengesetzt und lässt sich am ehesten mit »Fernfühlen« übersetzen.

Bei den naturnahen Völkern ist die Telepathie eine ganz normale Kommunikationsform, die nicht über die bekannten Sinnesorgane abläuft. Für Tiere ist diese Art der Verständigung ebenfalls selbstverständlich. Ob wir es wollen oder nicht: Die Pferde lesen in uns wie in einem offenen Buch.

Meiner Meinung nach ist auch unsere Fähigkeit, uns auf das Pferd einzufühlen, bereits eine Art des telepathischen Kontakts. Nach telepathischen Befragungen von Tieren bekomme ich von den Besitzern häufig Rückmeldungen wie: »Ich habe das schon geahnt, was mein Tier da gesagt hat«, oder: »Ich hatte das im Gefühl. Das Protokoll hat es mir nur bestätigt.«

Wichtig ist an dieser Stelle vor allem Ihr Kontakt zu sich selbst. Kennen Sie Ihre eigenen Gedanken, Gefühle und Erwartungen genau, haben Sie die Möglichkeit, sie von denen des Pferdes zu unterscheiden. Gerade diese Kenntnis (»Mein« – »Dein«) hilft ungemein dabei, in problematischen Situationen ruhig zu bleiben, die jeweilige Situation zu analysieren und vor allem Konflikte nicht persönlich zu nehmen (was der Fall ist, wenn man denkt »Der macht das nur, um mich zu ärgern …«).

Wer nun aber hofft, mittels der Telepathie die eigene Entwicklung zum Dressur-, Spring- oder Distanzprofi beschleunigen zu können, der irrt. Die Telepathie erspart uns gar nichts. Es wäre vermenschlicht gedacht, sich mit dem telepathischen Rüstzeug wie in einstigen Kinderträumen aufs Pferd zu setzen und zu sagen: »So, mein liebes Pferd, jetzt lass uns piaffieren.« Es tut mir leid, das sagen zu müssen – das funktioniert nicht! Reiten müssen wir trotzdem lernen. Und dem Tier müssen wir in kleinen, pferdegerechten »Häppchen« vermitteln, was wir von ihm wollen. Die Empathie/Telepathie ermöglicht uns vor allem die Rückkopplung mit dem Pferd. Ganz bodenständig müssen wir uns selbst und unser Pferd dazu befähigen, unser Ziel zu erreichen.

Wie funktioniert nun das Dolmetschen bei der Tierkommunikation? Nach meinem Empfinden handelt es sich hierbei um eine intuitiv-assoziative Methode, bei der die Mitteilungen der Pferde (diese Mitteilungen erreichen uns auf unterschiedlichen Wegen, auf die ich gleich etwas genauer eingehen werde) aufgrund unserer Erfahrungen in unserem Gehirn in Sprache umgesetzt werden. Methodisch erkläre ich mir dieses Phänomen immer ähnlich wie das sogenannte assoziative Schreiben in der Psychologie. Hierbei schreibt man zu Bildern oder Begriffen spontan auf, was einem einfällt. Wichtig ist bei dieser Methode vor allem, dass man nicht groß nachdenkt und sich beispielsweise fragt: »Was könnte gerade gemeint sein?«, oder: »Was will mein Gegenüber hören?«, sondern einfach drauflosschreibt.

Bei dieser Art der Kommunikation ist es nicht wichtig, ob sich das Tier, mit dem man kommuniziert, in Deutschland oder auf der anderen Seite der Erde befindet, weil es dabei nicht auf die räumliche Distanz oder die jeweilige menschliche Landessprache ankommt. Die Sprache der Telepathie ist sozusagen universell und vollzieht sich wahrscheinlich in Bildern, Gerüchen, Gefühlen und auch Geräuschen. Je nach unserem eigenen Vermögen übersetzen wir dann das uns Übermittelte sofort in unsere Sprache, in vergleichbare Bilder, Gerüche, Gefühle und Geräusche.

Die Übermittlung von Botschaften in der Telepathie vollzieht sich nicht über die für uns gewohnten Kanäle der Wahrnehmung, sondern über Bilder, Geräusche, Gerüche und auch Wörter, die wir direkt in unserem Kopf empfangen. Ob wir vis-à-vis oder über ein Foto Kontakt zu einem Tier aufnehmen, hängt daher von unseren persönlichen Vorlieben ab.

Diese Simultanübersetzung hat für mich als Tierkommunikatorin natürlich eindeutig den Vorteil, dass ich auch mit einem Pferd aus einem Land kommunizieren könnte, dessen menschliche Sprache ich gar nicht verstehe. Der Nachteil ist, dass ich bereits bei der Übersetzung ein Filter bin. Das Tier greift zwar auf mein Gehirn zu (wie ein sogenannter Hacker es bei einem Computer tut), doch ein Wissen, das ich nicht habe, oder Erfahrungen, die ich nie gemacht habe, können den Gesprächsinhalt unter Umständen missverständlich werden lassen. Beispielsweise werde ich ein Pferd, wenn ich es zu seiner Gesundheit befrage, schlechter verstehen als vielleicht ein Tierarzt oder Heilpraktiker, weil mir das nötige Fachwissen fehlt.

Aus diesem Grund warne ich Tierbesitzer immer vor der Überidealisierung einer Tierkommunikation und empfehle stattdessen eine fachübergreifende Kooperation:

Als Dolmetscherin kann ich mich mit bestimmten Methoden in den Tierkörper einfühlen und spüre dadurch Verspannungen oder Schmerzen in diesem Körper. Darauf angesprochen, kann mir das Pferd häufig sagen, ob ein Problem vorliegt und ob diese Problematik in den Bereich des Tierarztes oder des Pferdetrainers fällt. Bei Lahmheiten, Blockaden, Fehlstellungen, Verspannungen etc. hat sich eine Zusammenarbeit mit dem Tierarzt oder Heilpraktiker bewährt.

Als Tierkommunikatorin kann ich den Arzt bei der Diagnostik unterstützen, indem ich den Patienten fragte, wo es wehtut. Als Pferdetrainerin ist mir neben oder nach der Behandlung ein gezieltes Training für Muskelaufbau und Rehabilitation möglich. In diesem Bereich habe ich einen großen Erfahrungsschatz. Mir erzählen die Pferde natürlich oft, welche Übungen sie im Training gerne machen würden, weil sie diese in meinem Kopf »finden«.

Doch nun zurück zu Blausterns Anregung, in diesem Buch häufig Pferde zu Wort kommen zu lassen. Mittlerweile hatte ich die Ehre, einige alte und erfahrene Pferde kennenzulernen. Der Austausch mit ihnen ist immer wieder eine große Bereicherung.

Tasso und ich beim Schreiben des Buches.

Anfang 2009 nahm mich mein großes Pferd Tasso »zur Seite« und bat mich, bald mit dem Schreiben dieses Buches zu beginnen. Ich möchte Ihnen gerne wörtlich übermitteln, was meinem tierischen Lehrer so wichtig war:

Ich möchte, dass du dein Buch weiterschreibst. Ich möchte die Leute durch das Buch begleiten. Ich bin ein weiser alter Knabe und will mein Wissen noch weitergeben. Es soll nicht verloren gehen, wenn ich sterbe … Mein Leben ist mit dem Abschluss des Buches dann erfüllt. Nenn mir die Übungen. Ich werde dir sagen, wofür sie sinnvoll sind und wo wir Pferde uns dabei spüren. Manchmal wird es auch wichtig sein, dass du auf typische Fehler hinweist. Denn nicht jedes Pferd ist so klug und erfahren wie ich, um zu erraten, was sein Reiter wirklich von ihm will. Manche Pferde verwirrt unklares Verhalten auch sehr. Sie bekommen Angst oder sind unsicher. Also müsst ihr Menschen an euch arbeiten. Da musst du den Menschen sagen, wie es gehen kann. Frag mich dann immer, wenn es so weit ist. Ich bin für dich da.

Stolz darf ich Ihnen daher meinen erfahrenen Begleiter und Co-Autor vorstellen:

Tasso ist 29 Jahre alt und ein sogenanntes edles Warmblut. Früher lief er im Springsport, danach im Schulbetrieb (Springen, Dressur, Voltigieren) – und dort, wie Sie gerade erfahren haben, lernten wir uns kennen. Später arbeitete er noch in der Reittherapie, und manchmal lief er sogar vorsichtig vor dem Schlitten. Also ist er ein Allrounder auf fast allen (sportlichen) Gebieten. Seiner Herde ist er nach der Aufarbeitung seiner eigenen Vergangenheit inzwischen mehr denn je liebevolle Autorität.

In Kursen arbeiten Tasso und die Referentin eng zusammen.

In der Tat ist Tasso in vielerlei Hinsicht ein sehr weises Pferd. Aufgrund seiner Arthrosen gibt er inzwischen zwar keinen praktischen Reitunterricht mehr, doch er ist und bleibt ein Profi. Wenn ich Fragen habe, wende ich mich nach wie vor an ihn.

Außerdem kommt es oft genug vor, dass er einfach in die Reitbahn einbricht, während ich oder jemand anderes mit einem Pferd übe bzw. übt (Türen und Tore zu öffnen ist eine seiner leichtesten Übungen). Manchmal möchte Tasso dann mitmachen.

Doch meist hat er einen guten Tipp oder bringt durch eigenen Körpereinsatz Mensch und Pferd auf den richtigen Weg.

Ein weiterer Weiser wird uns im Laufe dieses Buches hin und wieder begegnen. Der chinesische Philosoph Laotse lebte im 6. Jahrhundert vor Christus. Sein Werk *Tao Te King* ist mir schon in vielen Lebenslagen hilfreich gewesen.

»Laotse« lässt sich mit »Der greise Meister« übersetzen – was ich im Hinblick auf Tasso und seine Rolle bei der Entstehung dieses Buches natürlich besonders passend finde.

Sind Sie neugierig geworden, wie es in diesem Buch mit der Tierkommunikation weitergeht? Wenn Sie immer noch ein wenig skeptisch sind – keine Bange, das Buch ist und bleibt ein Trainingsbuch, für das Sie lediglich Ihre Liebe zum Pferd und Ihre Offenheit für sich und Ihr Gegenüber benötigen. Die Pferde begleiten uns mit ebensolcher Offenheit. Sie lernen von uns, und sie lehren uns.

Darauf und auf Ihrer erarbeiteten Vertrauensbasis können Sie und Ihr Pferd nun aufbauen und REITEN IM SINNE DER PFERDE.

Bevor es losgehen kann

Das Pferd soll freiwillig und mit Spaß lernen zu lernen.

Mentales Reisegepäck

In kleinen Schritten vom Einfachen zum Schweren

Bevor sie mit dem eigentlichen Reiten anfangen, trainieren die meisten Menschen mit ihrem tierischen Reitanfänger vom Boden aus.

Dabei lernt das Pferd in kleinen »Häppchen«, unsere menschliche Sprache zu entschlüsseln, damit es von uns gestellte Aufgaben erfüllen kann. Es erwirbt die Fähigkeit, aus unserer Reaktion auf sein Verhalten zu lesen, was erwünscht und was unerwünscht ist.

Verbinden wir nun Lob und Belohnung für eine Handlung ganz deutlich mit einem Wort – beispielsweise »Steh«, »Seit« oder »Rückwärts« –, verknüpft unser Pferd den Namen dieser Handlung (gemeinhin wird leider sehr militärisch von »Kommandos« gesprochen) mit der Tätigkeit, etwa so, wie wir Menschen die Vokabeln einer Fremdsprache lernen.

Kennt unser Pferd also viele menschliche Vokabeln, haben wir die Möglichkeit, unsere Bitten auch verbal zu äußern, beispielsweise: »Gehst du bitte rückwärts?«, oder: »Heb doch mal den Fuß.«

Auch ich versuche, dem Pferd durch die Bodenarbeit bereits einige körperliche Fähigkeiten beizubringen. Vor allem aber möchte ich sein Vertrauen gewinnen, seine Neugierde wecken und ihm Strategien vermitteln, mit denen es sich Neues aneignen kann.

Das Pferd soll freiwillig und mit Spaß lernen zu lernen.

Nach der anfänglichen Bodenarbeit kennt das Pferd also schon einige Bewegungsabläufe und menschliche Vokabeln. Vor allem aber haben Sie sicherlich gelernt zu erkennen, wann Ihr Pferd etwas versteht und wann

nicht – und Ihr Pferd weiß durch diese Vorarbeit, dass es »nachfragen« darf, wenn ihm etwas unverständlich ist oder schwierig erscheint.

Sie können einerseits vertrauensvoll auf die Mitarbeit Ihres Pferdes bauen und andererseits schon auf eine angemessene Gelenkigkeit, ein gutes Körpergefühl und eine gewisse Koordination Ihres tierischen Begleiters zurückgreifen.

Das macht es auch dem Pferd leichter, die große Herausforderung beim Tragen eines Menschen – nämlich die Herstellung eines gemeinsamen Gleichgewichts von Ross und Reiter – anzunehmen.

Von der Bodenarbeit profitieren Sie also beide.

Bereits vom Boden lernt das Pferd seinen Körper zu koordinieren, sich zu konzentrieren und sich Lernstrategien anzueignen – alles Eigenschaften, die es befähigen, den späteren Anforderungen des Reiters besser gerecht zu werden.

Sicherheit als Vertrauensgrundlage

Bitte halten Sie bei allen Übungen immer eine Verbindung zu sich selbst (Ihrer Intuition) und Ihrem Pferd aufrecht. Ihrer beider Sicherheit steht in allen Bereichen an oberster Stelle.

Sollten Sie und/oder Ihr Pferd an einem Punkt einer Übung Angst bekommen, scheuen Sie sich nicht davor, Sicherheitsmaßnahmen zu ergreifen: Bleiben Sie im umzäunten Gelände, schützen Sie sich zusätzlich zu der Reitkappe, die Sie tragen sollten, mit einer Sicherheitsweste, longieren Sie Ihr Pferd ab, bevor Sie aufsteigen, bitten Sie einen Helfer, das Pferd zu führen oder an die Longe zu nehmen, trainieren Sie in Sichtweite der Herde des Pferdes etc.

Ganz egal, womit Ihnen geholfen ist – alles, was Ihnen und Ihrem Pferd Sicherheit vermittelt, ist die absolut richtige Maßnahme! Den Schwierigkeitsgrad können Sie immer noch erhöhen, wenn Sie und Ihr Pferd die Grundlagen verinnerlicht haben. Schließlich ist es das Ziel, das Reiten angstfrei zu erlernen – und das gilt für alle Beteiligten. Nur dann macht es Spaß.

Wer sein Adrenalin mit Mutproben in Schwung bringen möchte, sollte sich ein Gummiband um die Füße binden und von einem Turm springen oder etwas Ähnliches unternehmen. Auch wer lediglich seine Muskeln trainieren möchte, sollte ins Fitnessstudio gehen. Aber sein Pferd sollte er damit in Ruhe lassen.

Das Reiten und jeglicher Umgang mit Pferden birgt auch bei verantwortungsvollstem Verhalten aufgrund der Tatsache, dass wir es mit großen Fluchttieren zu tun haben, noch immer genug Risiken. Unter anderem darum sollte unsere Beziehung zum Pferd auf gegenseitigem Vertrauen basieren. Das reduziert die Fluchtbereitschaft schon ganz beachtlich.

Die Sicherheit bleibt auch oberste Priorität, wenn wir das Vertrauen unseres Pferdes so weit gewonnen haben, dass wir uns auf seinen Rücken wagen dürfen. Ich schreibe absichtlich »dürfen«, denn unser Pferd sollte innerlich dazu bereit sein.

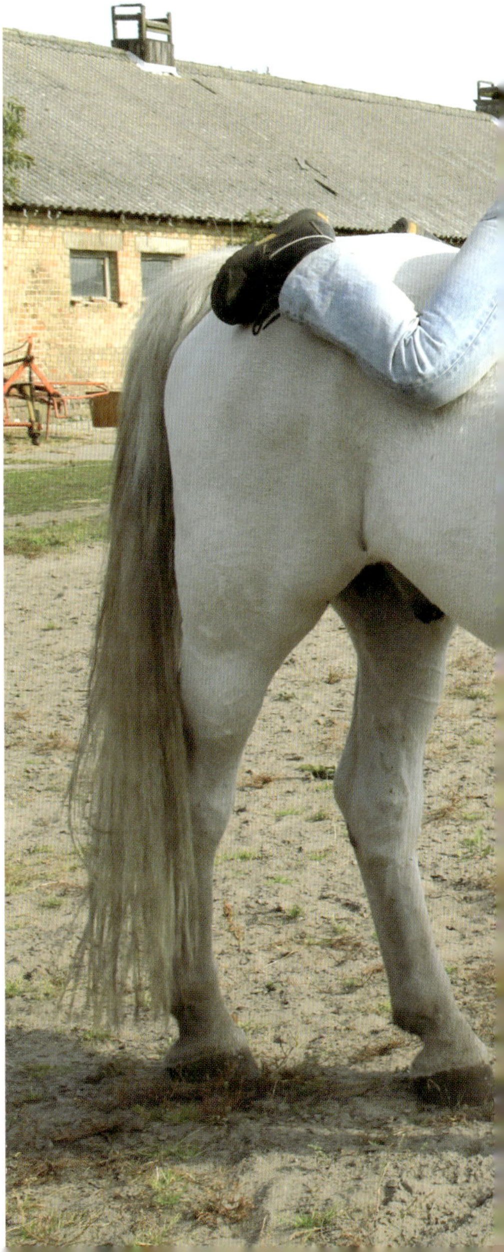

Auch und gerade Reiten ist Vertrauenssache. Der Weg zu entspannten gemeinsamen Momenten führt über einfühlsames gemeinsames Üben, damit keine schweren Unfälle passieren.

»Glaub an mich, und arbeite positiv mit mir«

Bringen wir Menschen Pferden auf einfühlsame Art nahe, dass gemeinsame Erlebnisse etwas Schönes sind, haben die meisten von ihnen Lust, sich auf das Gerittenwerden einzulassen.

Grundlegendes aus Sicht der Pferde

Erzeugen, doch nicht besitzen.
Wirken, doch nicht daran hängen.
Behüten, doch nicht beherrschen.

Dies nennt man:
tiefgründige wahre Tugend.

Lao-tse, *Tao Te King* (10, nach Kopp)

Die telepathische Kommunikation mit Pferden habe ich unter anderem dazu genutzt, sie zu ihrer Meinung und ihren Wünschen in Bezug auf das Reiten zu befragen. Was ich dabei erfahren habe, ist oft erstaunlich, häufig berührend und fast immer von der Grundeinstellung der Pferde her positiv.

Wollen Pferde geritten werden?

Prinzipiell äußern sich viele Pferde wie der siebenjährige Hispano-Arabé-Hengst Casim:

> Willst du geritten werden?
>
> *Na klar, Menschen tragen ist cool. Aber nicht immer. Ich will diejenigen aussuchen, die auf meinen Rücken dürfen. Die, die am Zügel ziehen und mich treten, dürfen nicht. Du suchst dir doch auch aus, mit wem du etwas zu tun haben willst …*
>
> Was möchtest du trainieren?
>
> *Oh, ganz viel. Ich muss laufen, das macht Spaß. Aber ich will auch den Kopf fordern. Wenn ich geritten werde, möchte ich alles verstehen und vieles selbst machen. Nur gehorchen ist nicht meins. Ich habe einen Kopf, und ich bin keine Maschine. Das Reiten vom Boden ist toll, dabei sehe ich bestimmt schick aus.* (Er sendet hier

ein Bild von der Handarbeit mit Gebiss vom Boden aus) *Und die Füße sortieren.* (Wieder kommt ein Bild vom Beinhebetraining in der Bodenarbeit.) *Mir hilft es, wenn ich mehr Gespür für meinen Körper bekomme. Aber laufen muss ich immer viel, sonst platze ich. Ja, und unterordnen will ich mich, auch draußen im Gelände an der Hand …*

Früher ging ich davon aus, dass das Reiten eigentlich eher ein einseitiger Wunsch von uns Menschen sei. Auch in dieser Hinsicht ist die Tierkommunikation für mich sehr hilfreich gewesen, denn sie hat mich von der Befürchtung befreit, dass ich den Pferden generell etwas aufdrücke, wozu sie eigentlich gar keine Lust haben.

Nach dem zu urteilen, was ich in der telepathischen Kommunikation erfahren konnte, haben viele Pferde an Unternehmungen wie beispielsweise dem Reiten Spaß. Bringen wir

Reiten kann und soll ein Erlebnis sein, das auch dem Pferd Spaß macht.

Menschen Pferden auf einfühlsame Art nahe, dass gemeinsame Erlebnisse etwas Schönes sind, haben die meisten von ihnen Lust, sich auf das Gerittenwerden einzulassen. Wichtig finde ich dabei immer, dass das Pferd dazu bereit ist – sowohl physisch als auch mental.

Klar, von der Natur war es ursprünglich nicht vorgesehen, dass ein Pferd ein zusätzliches Gewicht auf dem Rücken trägt. Aber wenn sich der Mensch gemeinsam mit dem Pferd Fähigkeiten aneignet und bestimmte Muskeln trainiert, kann das Tier ihn tragen, ohne Schaden zu nehmen.

Reiten als Ausdruck der Einheit von Mensch und Pferd

Tasso meint dazu:

Das Reiten ist wichtig für die Verbindung zwischen Mensch und Pferd. Es ist der höchste Ausdruck der Einheit, denn dabei kann man die Einheit auch an der Bewegung erkennen – und nicht nur fühlen, wie im sonstigen Miteinander.

Es kann aber auch Ausdruck der allgemeinen Einstellung eines Menschen zum Tier sein und zur Welt, zu unserem Planeten. Wie oben, so unten. Wie im Kleinen, so im Großen.

Es ist anmaßend von so einem kleinen Menschen, sich einzubilden, er könne ein großes Pferd vollkommen beherrschen, unterwerfen und kontrollieren. Das klappt nur mit den mental Schwächsten von uns und unter Einsatz extrem brutaler Methoden. Aber auch dann »leben wir noch«. Ein so handelnder Mensch schädigt vor allem sich selbst … Für ihn ist das Pferd nur ein Ventil. Er begreift nichts. Wer andere quält, ist unglücklich.

Doch es ist ja nicht nur das ganz grobe Peinigen, denn es gibt dabei viele Abstufungen. Quälen geschieht aus Unachtsamkeit, Gedankenlosigkeit und Nicht-Weiterlernen. Eure Aufgabe im Zusammensein mit uns ist es, unsere Widersetzlichkeiten als Hinweise zu sehen. Sozusagen als roten Stift, der einen Fehler aufzeigt. Aus Fehlern gilt es zu lernen. Wer dies wirklich versucht, gewinnt unsere Hochachtung. Fehler sind gut und wichtig. Wir sind froh darüber, wenn sie als Aufgabe angenommen werden.

Schlimm ist es nur, wenn aus Egoismus und Bequemlichkeit die Augen verschlossen werden. Niemand kann alles richtig machen. Wichtig ist der Versuch. Wie oben, so unten.

Dies zu Tassos Philosophie des Reitens, des Lebens und des Lernens.

Lao-tse meint dazu:

Wer auf Zehenspitzen steht,
steht nicht fest.
Wer mit gespreizten Beinen geht,
kommt nicht voran.
Wer sich zur Schau stellt,
der leuchtet nicht.
Wer sich selbst behauptet,
wird nicht geachtet.
Wer sich selbst rühmt,
hat kein Verdienst.
Wer sich selbst erhöht,
ragt nicht hervor.
…
Darum:
Wer dem Tao folgt,
verhält sich nicht so.

Lao-tse, *Tao Te King* (24, nach Kopp)

Für mich sind solche Aussagen übrigens immer auch für mein Leben als Mensch unter Menschen sehr bereichernd.

In der Schule wurde diese Übertragung eines Lösungsmusters von einem Aufgabenbereich in einen anderen Transferleistung genannt. Die Pferde geben uns also in ihrer Weisheit immer wieder die Möglichkeit, unser Leben durch das, was wir bei ihnen lernen, zu bereichern – aber ergreifen müssen wir diese Möglichkeit schon selbst.

Vertrauen als Grundlage für Fortschritte

Kein Pferd hat den perfekten Reitpferdekörper, und jedes macht im Laufe seines Lebens auch die eine oder andere unangenehme Erfahrung.

Mein Ponywallach Ben Cartwright bat mich, ihn doch zu diesem Thema zu befragen. Da er aufgrund seines körperlichen Zustands und seiner Geschichte tatsächlich so etwas wie ein Fachpferd auf diesem Gebiet ist, beschloss ich, mir dieses Kapitel sozusagen von ihm diktieren zu lassen.

(Ben wäre aufgrund eines Weideunfalls vor einigen Jahren fast gestorben und lebt seitdem mit einer starken Behinderung.)

Lesen Sie nun, was er mir zum Thema Vertrauen erzählt hat:

Da bin ich inzwischen Experte. Schon vor meiner Verletzung hatten wir es nicht leicht. Wie fange ich da an? Das Schwierigste war am Anfang meine Psyche. Ich hatte kein Vertrauen mehr in die Menschen. Mit Vertrauen meine ich, dass ich sagen darf, was ich will, was ich fühle, was mir guttut und was nicht. Und dass dann auch Rücksicht darauf genommen wird. Sagen darf man den Menschen ja vieles. Aber es wird nicht beachtet. Wenn man beispielsweise zeigt: »Das will ich jetzt wirklich nicht!«, oder: »Das tut weh, lass das!«, wird man oft dafür bestraft – auch von sonst netten Menschen. Ihre menschlichen Bedürfnisse oder die der Kinder, die dabei sind, sind dann wichtiger. (Eigentlich mag ich Kinder, wenn ich zeigen darf, was mir gefällt und was nicht. Das weißt du ja.)

»Eigentlich mag ich Kinder.«

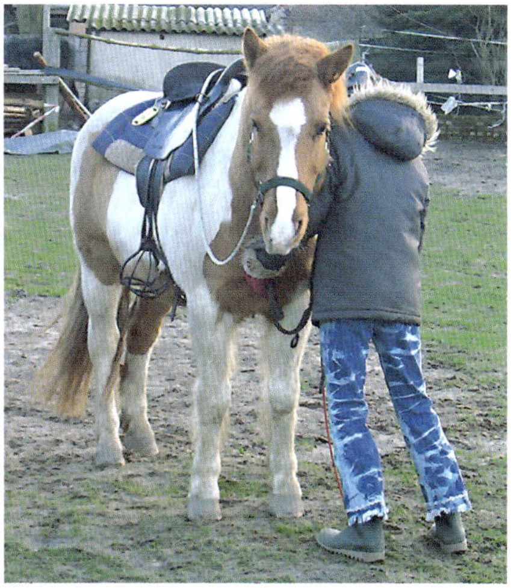

Ich habe Ben aufgrund dieser Erfahrungen in Bruchstücken die Fremdsprache »Menschlich« beigebracht. So habe ich ihm beispielsweise gezeigt, wie er sich aus seinem Putzkasten die Bürste aussuchen kann, mit der er geputzt werden möchte. Dadurch konnte er sich, als er noch Reitunterricht gab, auch ungeübten Schülern und Kindern verständlich machen.

Bei dir durfte ich aber »Nein« sagen. Du hast es schon immer akzeptiert. Deshalb sagte ich irgendwann auch wieder »Ja«. (Man kann nur wirklich »Ja« zu etwas sagen, wenn man weiß, dass man es auch ablehnen könnte.) Das war der erste Schritt, der wichtigste. Und dann wollte ich irgendwann meine Schwierigkeiten überwinden. Ich habe dir vertraut, dass du mir dabei hilfst, meine Grenzen zu erweitern, ohne sie gegen meinen Willen zu überschreiten.

Der Spaß am Lernen war eigentlich nur Grundlage, Voraussetzung, Motivation. Das eigentlich Ausschlaggebende war das Gefühl, das ich selbst hatte (und immer noch habe), wenn ich etwas schaffte, von dem ich vorher gedacht hatte: »So was kriege ich nie hin.«

Anfangs machte ich etwas für die Leckerli, die Belohnung (verfressen war ich ja schon immer). Doch später merkte ich, wie glücklich es mich machte, meinem

Körper so etwas abzugewinnen. Wie schön ich mich fühlte, wie stolz und »wie Herdenchef«.

Du fühltest dich Herdenchef? Was bedeutet das?

Na ja, dafür fehlen mir die Worte. Du weißt, ich wäre gerne Hengst geblieben, damals, als ich jung war. Die Kastration hat mir in der Seele sehr wehgetan. Durch die Arbeit mit dir machte ich Übungen wie ein Chef, wie ein Hengst. Ich stellte fest, dass ich schön war. Ich hatte Ausstrahlung. In der Herde waren sie beeindruckt.

Kannst du dich an die riesige Stute erinnern, die bei uns lebte? Sie bewunderte mich. Obwohl ich viel kleiner war als sie, respektierte sie mich. Aufgrund meiner Ausstrahlung bei dem, was ich mit meinem Körper erreichte. Ich stellte fest, dass männliche Hormone dafür nicht unbedingt nötig waren. Nur Training, Ehrgeiz und Selbstbewusstsein. Persönlichkeit eben. Das war und ist meine Motivation. Deine Leckerlis und deine Freude waren und sind für mich eher Hinweise dafür, dass ich auf dem richtigen Weg war und bin. Du zeigst mir, wie es funktionieren kann.

Übungen aus dem Imponierverhalten fördern das Selbstbewusstsein – ein Weg zum Herdenchefgefühl. Mit »Humpelbein« ist das heute zwar schwieriger, aber gelernt ist gelernt.

Ja, ich weiß, was du meinst. Es ist ein großer Unterschied, ob andere mich schön finden oder ob ich ein Körpergefühl entwickelt habe, mit dem ich mich selbst gut spüre.

Genau. Und ich kann mit meinen dreieinhalb Beinen in der Tat noch mehr koordinieren als manches (vierbeinige) Pferd. Denk an die Reifenübungen. Ich könnte ohne diese Übungen mit der Verletzung heute nicht so gut umgehen.

Körperliche Schwierigkeiten und sogar Behinderungen sind kein Hinderungsgrund für ein gutes Training. Wer hat schon den perfekten Körper, mit dem ihm alles leichtfällt?

Das Beste am Üben mit dir ist für mich immer gewesen, dass du einerseits den Ehrgeiz in mir geweckt hast, eine Hürde zu überwinden, mich aber andererseits nie dazu gezwungen hast. Es war immer meine Entscheidung, eine Grenze zu überschreiten. Und demnach auch mein Triumph, wenn ich es geschafft hatte! Deine Be-

geisterung war für mich dann immer ein Zeichen deiner Liebe und Wertschätzung. Denn zugegeben: Man kann auf eine Leistung erst richtig stolz sein, wenn man sie jemandem vorführen kann, der sie zu schätzen weiß. Oh, ich bin oft fast geplatzt vor Stolz!

Am schönsten war für mich der Zeitpunkt unserer ersten Piaffe an der Hand. Du weißt ja, es war mein Traum, das auch mit dir im Sattel zu können. Schade, dass es nun nicht mehr dazu gekommen ist.

Ja, ich hätte das auch gerne mit dir zusammen gefühlt. Doch deswegen habe ich dich nicht weniger lieb, mein dreieinhalbbeiniges Pony.

Siehst du. Und genau deswegen habe ich gerne mit dir gelernt. Ich tue es immer noch gerne. Du machst es nicht davon abhängig, ob ich etwas leiste … So etwas nennt man Akzeptanz, glaube ich. Viele Pferde haben nur eine Daseinsberechtigung, wenn sie gute Leistungen im Sport oder so bringen. Oder sie bekommen zum Schluss – wenn sie richtig Glück haben – das »Gnadenbrot«. Ein Pferd schuftet ein Leben lang für den Menschen und erhält zum Schluss eine »Gnade«?

Aber ich schweife ab. Zum Thema »Vertrauen zur Überwindung von Schwierigkeiten« bin ich jetzt fertig. Es war mir wichtig, zu sagen, dass so etwas ohne Schmerzen und Verspannungen nur dann möglich ist, wenn das Pferd es selbst will. Schließlich lockern die Endorphine (»Glückshormone«)nach dem Erfolg auch noch zusätzlich die Muskeln.

Ich danke dir, Ben. Es war sehr lehrreich für mich, und ich hoffe, auch für die Leserinnen und Leser des Buches.

Selbstverantwortung

In vielen problematischen Bereichen ist manchmal sogar das Training durch einen professionellen Pferdetrainer weder für das Pferd noch für dessen Besitzer nachvollziehbar.

Meiner Meinung nach kann dies daran liegen, dass die emotionale Bindung nicht vorhanden ist.

Obwohl natürlich die Persönlichkeiten von Pferd und Trainer sowie dessen Fachwissen, Erfahrung und Ausstrahlung eine Rolle spielen, bleibt es bei solch einer Zusammenarbeit eher bei purer Technik. Das kann zwar funktionieren, aber es ist doch eher wie eine Suppe ohne Salz.

Die fünfjährige Appaloosa-Mix-Stute Samis galt als gefährliche Schlägerin und sollte eingeschläfert werden. Für ihre Besitzerin formulierte Samis es folgendermaßen:

Glaub an mich, und arbeite positiv mit mir. Bitte gib mich auch nicht immer weg. Du kannst das besser. Dir vertraue ich.

Du hast mir früher immer gesagt, was das Richtige war. Später kamen nur immer Leute, die mir zeigten, was ich alles falsch machte. Glaub mir, du bist die beste Trainerin für mich und kannst mir auch helfen, offener zu werden für andere.

Ich muss wissen, dass ich frei entscheiden kann. Das ist gefährlich, deshalb traut es sich keiner, mich das tun zu lassen. Ich bin schnell und schwer einzuschätzen. Doch durchaus kooperativ. Aber außer dir sieht das keiner der Trainer.

Ich liebe dich. Lass mich leben. Wir arbeiten dran. Wir beide – nicht andere.

Samis' Halterin erklärt die Situation so: »Zu dem Zeitpunkt ging es nicht ums Reiten. Vielleicht sollte man sagen: ›nicht mal ums Reiten‹. Es ging schlichtweg um die Basis und den Umgang miteinander, weil Samis keinen Schmied an sich heranließ und mit Fremden generell ein Problem hatte. Sie trat, und der Ausbilder sollte mit ihr trainieren, ›schmiedefromm‹ und ›tierarztfreundlich‹ zu werden.«

Meiner Erfahrung nach sollte das Ziel eines Pferdeausbilders dieses sein: Das Pferd arbeitet am besten mit seinem Besitzer zusammen und geht auch am schönsten und freudigsten unter ihm. Techniken kann man jemandem beibringen, Gefühle nicht.

Auf dieser Grundlage kann das Pferd schließlich über seine (mit dem Besitzer geteilten) Erfolge seine eigene Motivation entwickeln und den Ehrgeiz, voranzukommen. Das Pferd hat dann sozusagen eine Basis, von der aus es sich auch wieder mehr für andere Menschen öffnen kann.

Verstehen Sie mich nicht falsch – ich plädiere nicht dafür, grundsätzlich alles allein zu machen. Natürlich sollten Sie sich, wenn Sie es für nötig erachten, fachliche Hilfe holen. Doch ich bin der Meinung, dass ein Pferdebesitzer sich an der Ausbildung seines Pferdes beteiligen sollte. Aktiv mitarbeiten, mit seinem Pferd in Verbindung bleiben und bitteschön uns Trainern kontinuierlich auf die Finger schauen.

Wie oft habe ich erlebt, dass Tierhalter nicht nachreiten konnten, was der Trainer vorgemacht hatte. Und wie oft habe ich den Frust der Pferdebesitzer erlebt, die sich für unfähig hielten.

Dabei lag es meist daran, dass die Besitzer der Pferde zwar einerseits weniger Erfahrung, aber vor allem weniger Kraft hatten als der Trainer. Schnell wurde das Reiten so zu einem verbissenen Arbeiten, und am Ende der Reitstunde stiegen sie durchgeschwitzt und mit zitternden Knien vom Pferd. Was das Pferd dazu meinte, wurde eigentlich nie gefragt.

Übrigens wurde Samis nach der Kommunikation von ihrer Besitzerin nach Hause geholt und von ihr und einer Freundin betreut und trainiert. Ich habe Samis später bei einem Kurs kennengelernt und als kooperatives, freundliches, nur eben hochsensibles Pferd mit einer eigenen Meinung erlebt – aber nicht als gefährliches Monster.

Es ist noch kein Zentaur vom Himmel gefallen

Lernen in kleinen Schritten verhindert große Frustrationen durch Überforderung.

Wie man im Sinne der Pferde reitet

In diesem großen Kapitel geht es um grundlegende praktische Themen rund ums Reiten im Sinne der Pferde. So beschäftigen wir uns unter anderem mit dem Lenken und Hufschlagfiguren, mit Seitengängen, dem Sitz des Reiters, der Versammlung und der Einheit zwischen Mensch und Pferd. Auch hier kommen natürlich die Pferde zu Wort – ihre Hinweise sowie die Übungen und praktischen Tipps können Ihnen dabei helfen, sich die von Ihrem Pferd gewünschten Fähigkeiten anzueignen.

»Das Schlimmste ist, wenn der Reiter gar nicht weiß, wo er hinwill« – Lenken und Hufschlagfiguren

Das sagt der Profi dazu

Tasso meint:

Das ist so eine Sache. Das Schlimmste ist, wenn der Reiter gar nicht weiß, wo er hinwill.

Für ein erfahrenes Pferd ist das in der Reitbahn oder im Wald kein Problem. Es übernimmt die Führung und errät aus Erfahrung die Figuren.

Schlimm ist es für die Jungen und Unsicheren. Es tut mir immer so leid zu sehen, welche Angst sie bekommen, nur weil die Reiter nicht wissen, wohin es gehen soll. Die starren den Pferden in den Nacken, werden immer verbissener und verkrampfter. Auch die Pferde werden dann verkrampfter, und bald kämpft man gegeneinander. Oder die Pferde raten falsch. So etwas vertragen viele Menschen schlecht. Sie halten es für Ungehorsam.

Überprüft euch erstmal selbst, ihr Menschen. Sitzt ihr korrekt? Hüfte, Gewicht? Zeigen eure Fußspitzen in die Richtung, in die ihr reiten wollt? Das ist schon mal gut. Aber was soll dieses Geziehe am Zügel, wenn ihr gar nicht wisst, wo ihr hinwollt?

Übungen für ein klares Ziel

Tasso stellt es hier eindringlich dar: Egal ob im Gelände oder in der Reitbahn, es ist stets wichtig, dass wir wissen, was wir vorhaben. Ich stimme mit Tasso überein, dass man an der Reaktion auf unentschlossene Reiter ganz deutlich erfahrene von unerfahrenen Pferden unterscheiden kann.

Tasso ist ein alter Hase. Er hat in seinem Leben die Hilfen vieler Reiter erraten, auch wenn diese Hilfen nicht immer ganz korrekt waren. Bei ihm genügte es, wenn der Reiter schon einmal wusste, ob er rechtsherum oder linksherum reiten wollte, und sich dann nach und nach überlegte, wohin es genau gehen sollte (z. B. zum Bahnpunkt »F«).

Junge und auch sogenannte verrittene Pferde benötigen mehr Unterstützung. Am besten hilft ihnen meiner Erfahrung nach eine Mischung aus etwas, was ich den »inneren Projektor« nenne, und einem klaren Ziel: Ich schaue über den Pferdekopf hinaus und visualisiere ungefähr eine Pferdelänge vor dem Pferd und mir ein Bild von uns beiden. Meinen inneren Fokus richte ich dann auf das, was mir gerade wichtig erscheint.

Es genügt bei jungen und/oder unsicheren Pferden nicht, dass ich den Willen habe, am Zirkelpunkt abzuwenden, sondern ich sollte in meinem Kopf eine genaue bildliche Vorstellung davon haben, wo ich auf der anderen Seite wieder am Hufschlag ankommen möchte. Der Projektor zeichnet dabei den Weg vor, den das Pferd gehen soll. Je unsicherer mein Pferd ist, desto mehr bin ich in der Pflicht, ihm Sicherheit zu vermitteln.

Sally Swift beschrieb das in ihrem ersten Buch »Reiten aus der Körpermitte« sehr schön als inneres Videoband. Vielleicht können Sie mit dieser Vorstellung besser üben.

Der Projektor verhindert zusätzlich das von Tasso beschriebene Starren auf den Nacken des Pferdes. Genau das ist meiner Erfahrung nach auch häufig ein Grund für einen zu hoch getragenen Pferdekopf. Bildlich gesprochen muss das arme Pferd den starrenden Blick des Reiters im Genick tragen …

Bitten Sie einmal einen Freund oder eine Freundin, Ihnen in den Nacken zu starren. Auch wenn es erst einmal schwer zu glauben ist, dass ein solcher Blick eine so verheerende Wirkung haben kann, werden Sie feststellen, dass er unangenehm und auf die Dauer anstrengend ist, weil er tatsächlich die eigene Bewegung erschwert. Sie spüren dieses Phänomen auch, wenn Sie (z. B. im Bus) von jemandem intensiv angeschaut werden. Auch das Pferd fühlt unseren Blick auf diese Weise. Rein mental reiten wir auf diese Art unser Pferd mit der Vorhand in den Boden. Und je verbissener wir

Ginger neigt dazu, mit festem Rücken den Kopf in relativ hoher Haltung »einzurasten«. Blicke ich ihr zu starr in den Nacken, fällt es der Stute noch schwerer, im Rücken zu schwingen und den Kopf fallen zu lassen.

starren, desto verkrampfter wird es gegenhalten müssen.

Im übertragenen Sinne übt also der starre Blick des Reiters Druck auf den Nacken des Pferdes aus. Das Pferd beantwortet in seiner Natur als Fluchttier Druck intuitiv mit Gegendruck, das heißt mit Muskelanspannung. Im Laufe der Jahrtausende lernte es, dass es so bei einem Biss durch ein Raubtier eine Chance hatte, sein Leben zu retten, denn auf diese Weise konnte verhindert werden, dass große Wunden durch herausgerissene Fleischteile entstanden. Die bessere Chance zu überleben hatte ein Pferd, das erst floh, wenn der Räuber kurz locker ließ, um nachzufassen, wenn also der Druck geringer wurde.

Lenke ich meinen Blick über Gingers Kopf hinweg (oder schließe wie hier kurz die Augen), kann sich die Stute meist sofort entspannen und lässt den Kopf fallen. Nun muss ich ihr nur noch Mut machen, sich mit der Nase nach vorne an das Gebiss heranzudehnen.

Konkrete Tipps

Prinzipiell reite ich ungeübte und sogenannte Korrekturpferde anfangs mit zwei Zügeln: einem Halfter- und einem Trensenzügel.

Der am Halfter befestigte Zügel kommt bei einem neuen Lernschritt oder bei Schwierigkeiten zum Einsatz; so nutze ich ihn beispielsweise beim Übergang in die nächsthöhere Gangart oder bei einer neuen Bahnfigur, bei der das Lenken eventuell wieder schwerfallen könnte.

Insgesamt versuche ich aber, wenn ich mit dem Halfterzügel arbeite, diesen durchhängen zu lassen und nur zu benutzen, wenn das ungeübte Pferd Unterstützung benötigt. Ansonsten soll das Pferd vorerst in freier Haltung ungehindert mit mir auf seinem Rücken sein Gleichgewicht finden.

Alles, was mein Pferd von der Bodenarbeit her schon kann, ist mit mir auf seinem Rücken noch einmal neu, weil sein Körper sich dann plötzlich ganz anders anfühlt und oft auch ungewohnt reagiert. Das heißt für uns Menschen zu Beginn des Reitens und

Wird die Trense über das Stallhalfter gezogen, lässt sich für maulschonendes Reiten seitlich am Halfter leicht ein zweiter Zügel befestigen.

auch zu Beginn jeder neuen Übung, dass wir uns möglichst unauffällig verhalten. Das bedeutet, wir passen uns gut der Bewegung an und stören das Pferd erst einmal nicht. Hat es nach einiger Zeit keine Angst mehr davor, umzufallen, können wir vorsichtig anfangen, eine Bewegung zu unterstützen und sie schließlich sogar einleiten.

Zuerst lernt das Pferd, losgelöst von allen anderen Aufgaben, das Senken des Kopfes auf ein sanftes Zeichen im Genick.

Da das Pferd mitdenken darf und sogar soll, ist es wichtig, ihm immer wieder Zeit zum Nachdenken einzuräumen und seine individuelle Konzentrationsfähigkeit nicht zu überschreiten. Hengst Wunium fragt, wie viele Pferde, auch immer wieder: »Ist das richtig?«

Ist das Pferd schließlich an das Gebiss gewöhnt, wird das Zeichen im Genick Schritt für Schritt in ein am Gebiss nach oben führendes übergeleitet.

Ich bevorzuge an dieser Stelle, dass das Mundstück schmerzfrei nach oben Richtung Ohren bewegt wird, damit das Pferd den Kopf senkt.

Dafür beginne ich mit einfachen Hufschlagfiguren: ganze Bahn, durch die ganze Bahn wechseln, Zirkel, aus dem Zirkel wechseln.

Diese Übungen versuche ich für das Pferd verlässlich (also oft hintereinander) zu reiten, um ihm die Möglichkeit zur Mitarbeit und vielleicht sogar zum vorauseilenden Gehorsam zu geben. Es lernt, dass es für eine bestimmte Hufschlagfigur sein Gewicht in einer bestimmten Art verlagern muss. Da es aufgrund der Wiederholungen irgendwann vorab einschätzen kann, wie die Übung weitergehen wird, verringert diese Verlässlichkeit mit der Zeit seine Unsicherheit.

Sie müssen anfangs auch nicht befürchten, dass Ihr Pferd sich langweilen könnte. Es hat genug damit zu tun, sein Gleichgewicht zu finden. Abwechslung ist erst später dran.

Übrigens zwinge ich ein Pferd zu Beginn des Trainings nicht in die Bahnecken, weil der »Durchmesser« einer solchen Ecke erfahrungsgemäß das Gleichgewichtsvermögen der meisten Pferde übersteigt.

Auch den korrekten Verbleib auf dem Hufschlag oder ein Antraben ohne ein Abdriften nach innen verlange ich erst sehr viel später. Das kommt alles hinzu, wenn das Pferd nicht mehr um sein

Gleichgewicht fürchtet. Später werde ich darauf noch genauer eingehen.

Die ausbalancierte Haltung von Pferdekopf und Pferdehals sowie das Aufwölben des Rückens übe ich getrennt davon mit dem Gebisszügel erst vom Boden und später vom Pferderücken aus. Damit ist dem Pferd (wie auch dem Reiter) von Anfang an klar, dass dieses winzige Ding im Pferdemaul nichts mit Lenken und Schmerzen zu tun hat, sondern rein der Balance und der gesunden Körperhaltung dient.

Diese Vorgehensweise gilt im Großen und Ganzen auch für sogenannte Korrekturpferde, weil diese sich aufgrund ihres verschobenen Gleichgewichts in ihrer Not oft eine falsche, das heißt ungesunde Muskulatur antrainiert haben.

Mit solchen Pferden beginne ich normalerweise an dem Punkt, bis zu dem noch alles angenehm und »gesund« läuft – ganz egal, wie weit ich dafür in der Ausbildungsstufe zurückgehen muss.

Wird ein Pferd mit dieser von mir bevorzugten Gebisseinwirkung nach oben geritten, habe ich eine Möglichkeit entwickelt, beide Zügel zu kombinieren: Wirkt die Reiterhand nach hinten, spannt sich der Halfterzügel und derjenige am Gebiss hängt durch. Wirkt die Hand am Gebiss nach oben, ist das Halfter lose. So kann der Reiter das Lenken (über den Halfterzügel) und das Üben der Kopf- und Körperhaltung (am Gebiss) ohne ständiges Umgreifen trainieren.

»Bloß nicht hinfallen« – Erste Seitengänge

Die Seitengänge, auch laterale Gänge genannt, dienen aus Reitersicht der Förderung der Beweglichkeit und des Gleichgewichts, dem Ausrichten der Vorder- und Hinterbeine auf eine Spur (man nennt das Geraderichten) und, je nach Verlagerung des Gewichts, der Lösung (Gewicht auf der Pferdeschulter) und der Förderung der Versammlung (Gewicht auf der Hinterhand).

Aus Sicht der Pferde haben die Seitengänge aber noch viel mehr Funktionen, wie wir gleich erfahren werden.

Das sagt der Profi dazu

Lieber Tasso, wofür sind die Seitengänge eigentlich gut?

Tja, sie sind für ein Reitpferd unerlässlich, um die Koordination der eigenen Füße zu lernen. Wenn du dein Beinhebetraining machst, hilft das einem Pferd zwar, die Anzahl seiner Beine und ihr Eigenleben zu erfassen. Aber Koordination im Zusammenwirken mit Gleichgewicht lernt es eigentlich nur über die Seitengänge. Natürlich fördert das auch Dehnung und Gymnastizität, das brauche ich gar nicht zu erwähnen.

Wenn wir Pferde auf der Koppel seitlich gehen, in der Herde oder so, machen wir das nicht bewusst. Mit euch Reitern ist das aber nötig, damit wir wissen, in welche Richtungen wir unsere Gelenke noch bewegen können (außer vor und zurück, meine ich).

Dieses Wissen ist vor allem für die Jungen ganz wichtig, weil damit die Angst vor dem Umkippen und Stolpern mit dem Reiter auf dem Rücken geringer ist. Deshalb ist es auch gut, wenn sie die Seitengänge bereits vor dem Aufsteigen des Reiters beherrschen.

Was sollen die Reiter beachten, wenn ein Pferd die Seitengänge erlernt und ausführt?

Wichtig ist vor allem, Schritt für Schritt vorzugehen. Nicht zu viel auf einmal erwarten. Wie alles mit Reiter, ist es für ein junges Pferd noch einmal ganz neu, auch wenn es die Aufgabe vom Boden her kennt. Daher bitte deine – unsere – Leser um Nachsicht und um die Akzeptanz ganz kleiner Schritte. Das meine ich durchaus auch wörtlich, denn schon ganz kleine Seitwärtstritte sind am Anfang eine echte Mutprobe.

Wenn du mal wieder so ein junges Pferd bei den ersten Seitwärtstritten beobachtest, achte darauf, wie es eher seitwärts stolpert – immer mit dem Gedanken »Bloß nicht hinfallen«. Das Seitwärtsgehen macht einem Pferd Angst, das kannst du mir glauben. Besonders mit Reiter – vor allem, wenn es den Reiter gernhat – ist das für ein Pferd natürlich noch heikler, weil es sich erstens nicht so abfangen kann wie sonst und zweitens auch noch Schuldgefühle hätte, wenn es mit dem Reiter umfallen würde.

Unterschätzt unser Verantwortungsbewusstsein und unsere Fürsorge nicht! Aus diesen Gründen kann es sein, dass wir anfangs sehr verkrampft sind. Schafft also eine Atmosphäre voll Vertrauen, und gebt uns die Möglichkeit, ungestraft Fehler zu begehen. Denn die geschehen bei den Seitengängen anfangs mit Sicherheit. Ein Pferd muss dafür nämlich mit Körper und Geist viel leisten.

Eine äußere Begrenzung kann den äußeren Zügel sogar unnötig machen. Zu Beginn der Übungen ist es auch gut, wenn das Pferd im Körper gerade bleibt und dadurch lernt, dass es sowohl die Vorder- als auch die Hinterbeine kreuzen kann. Diese »Schummelversion« nennt man Schenkelweichen. Die Biegung in der Körpermitte kommt erst später.

Konkrete Tipps

Sie haben es vom Profi vernommen, liebe »Buschreiter«: Zumindest die lösenden Seitengänge sind, auch wenn man »nur« im Wald reiten möchte, unerlässlich, damit das Pferd sich mit Ihnen auf dem Rücken relativ sicher fühlt.

Insgesamt gilt natürlich sowieso: Je mehr ein Pferd kann und das auch weiß, desto ruhiger und sicherer wird es sein. Ein Fluchttier ist schließlich darauf angewiesen, im Notfall auf möglichst viele Fähigkeiten seines Körpers zurückgreifen zu können.

Auch wenn Sie wissen, dass es in Ihrer Gegend keine Berglöwen und Wölfe mehr gibt, sind Sie sicher trotzdem an entspannten Ausritten interessiert.

Zum Üben der Seitengänge mit Reiter greife ich hier auf meine Vorbereitung aus der Bodenarbeit und die bei den Seitengängen am Boden eingeübte Vokabel (bei mir meistens »Seit«) zurück. An dieser Stelle zeigt sich, wie konsequent Sie besagte Vokabel mit Ihrem Pferd geübt haben.

Bei vielen Pferden genügt es, wenn der Reiter ihnen dieses Wort zusätzlich zu den oft erst einmal schwer einzuordnenden Hilfen nennt. Manchmal ist es auch hilfreich, häufig abzusteigen, wieder vom Boden zu üben, dabei die Vokabel zu sagen und dann wieder aufzusteigen. Oder Sie bitten einen Helfer, das Pferd vom Boden aus gleichzeitig mit Ihren Reiterhilfen anzuleiten. Dieser Helfer zieht sich dann mehr und mehr zurück.

Selbstverständlich hilft es dem Pferd ebenfalls, wenn es seine ersten gerittenen Seitwärtstritte mit dem Kopf in Richtung Zaun oder Bande als äußere Begrenzung geht. Vor allem verhindert dies einen allzu deutlichen Einsatz des äußeren Zügels.

Sollte Ihr Pferd Sie im Ansatz bereits verstanden haben, bieten Sie ihm ruhig die Möglichkeit, durch vorauseilenden Gehorsam mitzuarbeiten, indem Sie die Seitengänge beispielsweise immer an derselben Stelle üben.

»Die Schokoladenseite neutralisieren« – Versammelnde Seitengänge (Renvers und Travers) und Galopp

Das sagt der Profi dazu

Lieber Tasso, möchtest du dich zu diesem Thema äußern?

Das ist eigentlich wie Kurzkehrt oder die Hinterhandwendung, und es kommt nur darauf an, wohin man als Pferd das Gewicht verlagert. Beim Renvers verlagert man es nach vorne. Deswegen ist es gut zum Üben. Beim Travers verlagert man es nach hinten. Das ist dann schon richtiges Tanzen. Oh, das ist ein tolles Gefühl! Diese Übung habe ich immer so gerne gemacht, als ich sie noch gut konnte.

Das Travers ist übrigens auch eine Übung, mit der man die Schokoladenseite etwas neutralisieren kann. Das heißt, wenn links die gute Seite ist, fällt oft das Travers nach rechts leicht. Keine Ahnung, warum das so ist. Aber es hilft ungemein. Frag mal deine Physiotherapeutin. Würde mich interessieren. Jedenfalls ist das der Grund, weshalb Probleme beim Rechtsgalopp spätestens mit dem Beherrschen des Travers erledigt sind. Vom Gefühl her ist es für uns Pferde ein imponierendes Tänzeln auf ein anderes Pferd zu. Und daher ungemein gut für das Ego!

Spätestens wenn du mit einem Pferd in der Ausbildung (am Boden und im Sattel) so weit bist, wird es erstens in der Herde aufsteigen und zweitens dafür weniger aggressives Verhalten nötig haben. Denn durch das Travers fühlen wir Pferde uns stark und schön. Damit wächst die echte Autorität, die auf großen Fähigkeiten und Selbstbewusstsein beruht.

Natürlich gehört noch viel mehr dazu. Vor allem die Atmosphäre, in der das Travers gelernt wird. Wenn das Lernen mittels Angst und Flucht vor der Gerte geschieht, kann ein Pferd kein Selbstbewusstsein aufbauen. Dann hat es aber auch keine Ausstrahlung. Kadavergehorsam ist das. Doch wenn es versteht, was es tut, wird es das dazugehörige Gefühl entwickeln. Und das ist toll, sage ich dir!

Es ist ja die erste Übung – das Travers, meine ich –, bei der wir uns auf die Hinterhand »setzen«. Und das gibt uns einen solchen Glücksschub, das kann ich dir gar nicht beschreiben. Ben sprach von »Sich-Herdenchef-Fühlen«. Das ist nahe dran. Es ist wundervoll. Es ist ein »Zu-Hause-im-Körper-Ankommen«.

Was beim Schenkelweichen und Schulterherein noch Unterordnen, Lockern und Lösen ist, ist beim Travers Selbstbewusstsein, Stolz, Energie- und Kraftaufbau. Das ist toll. Ich bin oft richtig traurig, dass meine kaputten Hinterbeine es nicht mehr so oft zulassen. Doch ich zehre auch von der Erinnerung daran.

Ja, und das Renvers ist eigentlich eine Übergangsmethode, bis das Pferd gelernt hat, das Gewicht von vorne nach hinten zu schaukeln. Doch wer das kann, wird freiwillig kein Renvers mehr machen, nur noch Travers.

Renvers ist noch: »Aha, so geht das. Das muss ich so und so mit meinem Körper machen.« Travers ist dann antizipiert, ist nur noch Gefühl und Glück. Ist: »Ich bin schön und stark.« Übrigens meine Lieblingsübung, fällt das irgendwie auf?

Ja, so viel dazu. Auch wenn es vom Kopf her schwer zu verstehen ist, kann ich jedem Pferd nur raten, sein Hirn anzustrengen und es zu üben. Diese Übung ist ein riesiger Gewinn auf dem Weg zum Herdenchefgefühl und zur Einheit mit dem Menschen.

So weit also Tassos ermutigende Worte. Übrigens kann ich ergänzend noch hinzufügen, dass auch Stuten durchaus Spaß daran haben können. Tasso hat natürlich von seiner männlichen Warte aus berichtet. Doch auch die Damen profitieren physisch und psychisch gewaltig von dieser Übung.

Vielleicht saß der eine oder die andere von Ihnen ja schon einmal auf einem Pferd, das das Travers beherrschte. Für mich war dieses Glücksgefühl, das Tasso beschreibt, tatsächlich spürbar. Es gab Reitstunden, bei denen das Pferd wieder und wieder damit loslegen wollte und ich das Gefühl hatte, wir wurden beide euphorisiert. Ich hatte damals nicht das Empfinden, dass diese Begeisterung von mir ausging. Nun weiß ich, dass es wohl jedes Mal auch ein telepathisches Erlebnis war.

Ähnlich kann es einem bei Pferden gehen, denen der versammelte Galopp, fliegende Wechsel, Mitteltrab und starker Trab leichtfallen. Meiner Erfahrung nach entsteht mit diesen Pferden dabei ein ähnliches Gefühl.

Beherrscht das Pferd die lateralen Gänge, bekommt man den Galopp meist geschenkt. Manchmal sogar – wie hier im Bild an Gingers zusammengebissenen Zähnen und ihrem angehaltenen Atem zu erkennen – aus Versehen.

Renvers und Travers als Übungen für den Galopp

Haben Sie als Kind auch manchmal Pferd gespielt? Oder haben Sie Kinder einmal dabei beobachtet? Diese Bewegung, mit der Kinder ein Pferd im Galopp imitieren, kommt dem, was ein Reiter auf dem Pferderücken tut, tatsächlich recht nahe. Nur dass der Reiter nicht mehr selbst läuft. Er leiht sich die vier Beine seines Pferdes und lässt sich sozusagen galoppieren:

Die gesamte innere Körperhälfte (beim Linksgalopp eben die linke) schiebt sich ein wenig nach vorn. Das Gewicht von Reiter und Pferd ist daher logischerweise auch vermehrt innen.

Wenn Sie mit Ihrem Pferd mit dem Galopp beginnen, wird es sich eventuell noch nach außen stellen müssen, um mit dem inneren Beinpaar anspringen zu können.

Später, wenn Sie und Ihr Pferd im Gleichgewicht gehen können, wird das aber nicht mehr nötig sein. Das Pferd wird seinen Kopf zur Bahnmitte (oder wo auch immer gerade »innen« ist) ausrichten können und den angekuschelten inneren Unterschenkel des Reiters mit einer leichten Biegung in der Rippengegend beantworten. Damit ist dann erreicht, was in der Fachsprache »Geraderichten« genannt wird. Das bedeutet, dass die Hinterbeine des Pferdes auch im Galopp (wobei es am schwersten ist) in der Spur der Vorderbeine bleiben.

Beginnt man mit dem Galoppieren unter dem Sattel erst, wenn Pferd und Reiter die Seitengänge beherrschen, erscheint dem Pferd eine Außenstellung oft nicht mehr nötig, weil es selbst (und vor allem der Reiter!) bereits über genug Körperbeherrschung verfügt. Das Gewicht trägt das Pferd schließlich vermehrt – je nach Ausbildungsstand – auf der inneren Schulter oder dem inneren Hinterbein.

Weitere hinführende Übungen für den Galopp

Die folgenden Übungen erleichtern dem Pferd den Weg zum ausbalancierten Galopp unter dem Reiter.

Die Schubkraft der Hinterhand wird durch das Verlängern der Tritte insbesondere im Trab entwickelt.

Ginger wird insgesamt mit sehr tiefer Hand geritten. Daher reagiert das Pony sensibel auf das Anheben der Zügelhände. Somit ist es bei Ginger unkompliziert, sie sanft dazu zu bringen, das Gewicht bis zur Rückwärtsbewegung nach hinten zu verlagern. Dadurch wird die Tragkraft und Dehnung der Hinterhand trainiert.

Mit Pferden, die ich bei gehobener Hand auf das Senken des Kopfes konditioniert habe, üben wir das Rückwärtsrichten mit einem Halsring. Das anschließende Antraben aus dem Stand oder sogar aus dem Rückwärts stärkt schließlich zusätzlich die Bauchmuskeln des Pferdes.

Besonders wichtig für die Entspannung ist es, immer wieder Schrittpausen in entspannter oder Dehnungshaltung zu machen.

Konkrete Tipps

An dieser Stelle haben wir ein Beispiel dafür, dass es gerade in der Tierkommunikation oft extrem wichtig ist, die Wortwahl des Tieres genau zu beachten: Tasso gab mir, wie Ihnen vielleicht aufgefallen ist, den Rat, **meine** Physiotherapeutin zu befragen.

Ich fragte eine Physiotherapeutin **für Tiere**, der dies glücklicherweise sofort aufgefallen ist.

Sabine Bruns ist Tierphysiotherapeutin und hat ein Konzept entwickelt, das sie »Physio-Riding« nennt. Ihr Buch »Das Traigingslexikon – 180 Probleme zwischen Reiter und Pferd« hat mir schon viele gute Dienste geleistet.

Ihr Konzept bietet anatomische Kenntnisse und Begründungen, und darin habe ich meine intuitive Erfassung oftmals bestätigt und – wie in diesem Fall – physiologisch-fachlich fundiert erklärt gefunden. Ein weiterer Hinweis dafür, wie wichtig es ist, interdisziplinär zum Wohle der Tiere zusammenzuarbeiten.

Hier ihre Antwort auf meine Frage bzw. Tassos Hinweis:

»Du solltest deinem Pferd besser zuhören, es geht ihm nicht um den Pferdekörper, sondern um den des Reiters! Da trifft es genau zu, was er sagt. Durch das Reiten des Seitenganges sensibilisiert der Reiter seinen Körper für den Galopp. Die normalen Gänge (Schritt und Trab) sind ja seitengleiche Bewegungen, nur im Galopp müssen die Körperhälften unterschiedlich agieren, und das lernt man am besten, wenn man das Reiten im Seitengang übt.

Jedes normal entwickelte, gesunde Pferd beherrscht ohne Reiter Travers, Renvers und beide Galoppseiten (sieh dir junge Hengste beim Spielen an).

Wenn der Reiter im Sattel sitzt, ist die Koordination für das Pferd am Anfang etwas schwieriger, lässt sich aber schnell lernen, wenn der Reiter nicht stört, indem er seine rechte und seine linke Körperhälfte nicht vernünftig koordiniert. Da bekommt man als Pferd Rückenschmerzen – und Tasso ist es wichtig, dass die Menschen das verstehen!«

Noch etwas: Sollten Sie ein älteres oder (bein-)krankes Pferd haben, lassen Sie es ruhig selbst entscheiden, wann es sein Gewicht wohin verlagert oder ob es sich in oder gegen die Laufrichtung stellt. Vorausgesetzt, es beherrscht die Seitengänge unter dem Reiter, weiß ein solches Pferd selbst am besten, was ihm guttut.

Den Wallach Blaustern haben Sie am Anfang des Buches bereits kennengelernt. Er meint zum Thema Seitengänge Folgendes:

An den Seitengängen sollten wir dranbleiben, vom Boden und aus dem Sattel. Hauptsächlich im Schritt in alle Richtungen. Das sind Arthroseblocker. Damit bleibe ich noch lange fit. Meine Besitzerin soll mich aber das Tempo bestimmen lassen. Ich weiß schon, was ich brauche. Auch wenn ich manchmal statt Schulterherein dann Travers oder Renvers gehen werde, soll sie mich machen lassen und mich unterstützen … Ich kann das, glaub mir. Jeder kann das. Man muss es nur wecken.

»Das Wichtigste ist, dass der Reiter sich tragen lässt« – Der Sitz des Reiters

Das sagt der Profi dazu

Tasso, ich möchte ein Kapitel über den Sitz des Reiters schreiben. Kannst du aus deiner Sicht etwas dazu sagen?

Natürlich, ich habe euch Menschen doch jahrelang auf meinem Rücken gespürt. Was willst du denn da wissen?

Hauptsächlich, wie der Reiter das Pferd sinnvoll unterstützen kann – neben aller Technik. Was fühlt sich angenehm an, was ist störend, welches sind häufige Fehler, wie können Pferd und Reiter zur Einheit gelangen …?

Das Wichtigste ist, dass, wenn wir euch tragen sollen, ihr euch auch tragen ***lasst****. Die meisten Reiter sitzen mit einer Spannung im Körper auf dem Pferd, als hätten sie es lieber anders herum. Nur manche atmen ganz ruhig. Die wenigsten mit uns im Takt. Okay, das ist auch schwierig, weil wir schneller atmen als ihr. Aber findet wenigstens euren Takt. Bei euch hat Atmung immer was mit Anstrengung zu tun, aber leider paradox – wenn es schwierig wird, haltet ihr die Luft an, anstatt euch durch die Situation zu atmen.*

Das macht ein gutes Leittier: Es schafft eine imaginäre Atemblase um sich selbst und die Herde. Die jeweilige Situation wird aus der Blase ausgeschlossen oder darin eingeschlossen – je nachdem, was nötig ist. In diese Atemblase eingeschlossen werden Situationen, Aufgaben und Bewegungen, die für die Herde gerade wichtig sind. Eine Gefahr bleibt draußen. Du musst natürlich bedenken, dass dies nur bei vermeintlichen Gefahren geschieht, von denen der Herdenchef weiß, dass sie faktisch nicht bedrohlich sind (bei echten Gefahren gibt er natürlich das Fluchtsignal).

Ich erkläre das Vorgehen noch mal genauer, denn das ist wichtig für Reiter: Die Atemblase stellt man beim Ausatmen mental her. Man stellt sich vor, die ausgeatmete Luft hüllt alle in eine Art Schutzraum ein.

Kannst du das bitte mal an einem konkreten Beispiel beim Reiten erklären?

Ein Beispiel wäre ein Seitengang zur Lockerung.

Ein Schulterherein?

Ja, genau. Zum Travers komme ich danach. Ein guter Reiter, der ja Herdenchef sein soll, ATMET nun vor allem **DAS PFERD IN DIE ÜBUNG HINEIN***. Das heißt, er weiß, was er vorhat, hat ein konkretes Bild der Bewegung im Kopf und stellt sich diese Bewegung erst einmal ganz locker wie im Tanz vor.*

Beim Tanzen atmet er nämlich entspannt weiter. Er lacht vielleicht sogar und hat Spaß. Erst dann kommen ohne Kraft und Anspannung die Bewegungen des Menschenkörpers (das, was ihr Hilfen nennt) dazu.

Wie gesagt, das Seittreten dient der Lockerung. Daher ist es sehr wichtig, dass der Reiter das Atem- und Körpersignal »Keine Gefahr« gibt, indem er entspannt weiteratmet und die Atemblase aufrechterhält. Dann hilft natürlich den unerfahrenen Pferden auch noch das, was du immer predigst: die bekannte Vokabel, die zusammen eingeübt wurde.

Ja, ich sage bei euch dann immer »Seit«. Das hilft den Pferden oft, sich an die Übung, die wir schon am Boden geübt haben, zu erinnern. Wo liegt nun bezüglich der Atmung der Unterschied zum Travers oder Renvers?

Beim Renvers bleibt es ja locker, da sind nur die Hilfen andersherum. Das gibt meist lediglich einen Knoten im Pferdehirn, weißt du ja.

Aber das Travers erklärt ganz gut den Unterschied zwischen Atem- und Körpersignal »Keine Gefahr« und »Leichte Fluchtbereitschaft«, bzw. später, wenn die Übung dem Pferd als solche ganz klar ist (nicht als Ernstfall), »Imponieren«. Dabei sollt ihr Reiter in eurer Vorstellung die Luft beim Einatmen nämlich ein wenig in die eigenen Muskeln und die eures Pferdes pumpen. Ich nenne das **IN DAS PFERD** *ATMEN. Einatmen heißt Kraft und Energie sammeln. Die sollt ihr in euren Muskeln und denen eures Pferdes lagern und in der gewünschten Bewegung (die ihr euch wieder vorstellt) freisetzen.*

Also, wenn ich es richtig verstanden habe, soll der Reiter für eine Übung zur Lockerung und Entspannung sich selbst und das Pferd quasi wie in einer Wolke aus **ausgeatmeter Luft** (»Keine Gefahr«) in die Übung hineinschieben. Das nennst du DAS PFERD **IN DIE ÜBUNG** ATMEN.

Möchte der Reiter sich selbst und das Pferd in einen gewissen Spannungszustand versetzen (Stichworte: Ausstrahlung, Aufrichtung und Gewichtsverlagerung auf die Hinterhand), atmet er in seiner Vorstellung **beim Einatmen** (»Leichte Fluchtbereitschaft« und später »Imponieren«) in seine eigenen und die Muskeln des Pferdes. Das nennst du **IN DAS PFERD** ATMEN.

Stimmt das so?

Ja, beim ATMEN **IN DAS PFERD** *ist das so wie beim Spannen eines Bogens. Dann sind alle Muskeln bereit, ihre Energien in die gewünschte Richtung zu verschießen. Ganz einfach, oder?*

Na ja, ich glaube, das ist etwas, was wir Menschen viel üben müssen, damit wir uns dabei nicht verkrampfen.

Das meinte ich eingangs damit, dass ihr euch tragen lassen sollt. Ihr sollt atmen, nicht kontrollieren. Klare Bilder haben, nicht ständig grübeln und dann abschweifen. Energie folgt der Absicht. Wenn der Reiter seine Energien und die des Pferdes zielgerichtet, aber unverkrampft in eine Richtung lenken kann, dann entsteht die Einheit zwischen beiden! Lieben, Fühlen und Atmen statt Denken und Kontrollieren. Das ist es eigentlich auf den Punkt gebracht.

Oh je, nichts leichter als das … Ich werde es weitergeben.

Genau, und ein paar deiner technischen Tipps dazu. Dann können die Reiter es schon umsetzen. Habt Vertrauen in euch. Das Wichtigste ist, dass ihr Denken in Fühlen umwandeln könnt.

Große Erwartungen an uns Menschen

Geht es Ihnen so, wie es mir ging, nachdem ich diese Anleitungen von Tasso protokolliert hatte?

Ich war ein großes menschliches Fragezeichen und musste mir den Text mehrfach durchlesen, meine Gedanken sortieren und eingehend über Tassos Worte nachdenken, bevor ich verstand, was er meinte.

In Anbetracht der Tatsache, dass meinem weisen tierischen Lehrer zu diesem Thema so viele Bereiche wichtig sind, möchte ich versuchen, Ihnen durch eine Aufschlüsselung Hilfestellungen beim Üben zu geben. Er spricht schließlich über mehrere körperliche Fähigkeiten, die für uns Menschen nicht selbstverständlich sind.

Also werden wir an dieser Stelle, an der das Training hauptsächlich uns selbst betrifft, schlicht dieselben Maßstäbe ansetzen, die wir auch beim Training der Pferde beachten:

Lernen in kleinen Schritten verhindert große Frustrationen durch Überforderung.

Arbeiten wir uns also langsam durch Tassos Ansprüche an uns Menschen in der Rolle des Führpferdes und fügen zu gegebener Zeit die Bausteine wieder zusammen.

Vom Kopf zum Bauch

Ganz zu Beginn sollte hier, wie überall im Bewegungslernen, etwas vorausgehen, was man Antizipation nennt.

Dabei geht ein vom Verstand her aufgefasster Vorgang nach und nach durch häufiges Üben in unser Bewegungsgefühl über. Erst danach haben wir überhaupt die Chance, unser Gehirn weitestgehend auszuschalten und lediglich Bilder von dem, was Pferd und Reiter gemeinsam tun, entstehen zu lassen – und diese an das Pferd weiterzugeben.

Es genügt allerdings nicht, an der Oberfläche zu bleiben und reine Techniken wie beim Rad- oder Autofahren zu lernen. Denn dann könnte es sein, dass man sich irgendwann fragt: »Ich habe doch meine Beine angelegt und auch die restlichen Hilfen gegeben – wieso läuft er denn nicht los?«

Vor allem sind wir immer im Austausch mit dem Pferd.

Um ein Bewegungs**gefühl** entwickeln zu können, benötigen wir also erst einmal Bewegungs**erfahrung**. Zusätzlich müssen wir lernen, diese Erfahrungen zu interpretieren, das heißt, für uns einzuordnen.

Setzen Sie sich also nicht unter Druck, wenn Sie feststellen, dass Ihnen zu Anfang doch erst einmal der Kopf raucht, bis Sie eine Anpassung an die Pferdebewegung und die Hilfengebung erlernt haben.

Darum:
Wer allzu sehr auf Ehre schaut,
bleibt ohne Ehre.

Lao-tse, *Tao Te King* (39, nach Kopp)

Zur Verdeutlichung

Die eigentliche Kunst des Reitens liegt später in der gerade angesprochenen Zusammenführung all der von Tasso angesprochenen muskulären, koordinativen, atemtechnischen und mentalen Fähigkeiten.

Zur Verdeutlichung habe ich versucht, ein Schema davon zu fertigen. Ich hoffe, es erleichtert Ihnen das Verständnis.

Zur Lockerung:
Das Pferd IN DIE ÜBUNG ATMEN

Erinnern Sie sich an den »inneren Projektor« oder »Kopfprojektor«, den ich im Kapitel »Übungen für ein klares Ziel« auf Seite 50 beschrieben habe, und die Nummerierung der folgenden Schritte wird Ihnen klar:

2. Die Atemblase aus ausgeatmeter Luft umschließt Reiter und Pferd und schiebt das Paar sozusagen in die Übungsprojektion hinein.

1. Der Kopfprojektor visualisiert kurz vor dem Pferd ein Bild der gerittenen Übung in entspannter, freudiger Atmosphäre.

3. Der Entspannungsgrad des Reiterkörpers signalisiert dem Pferd: keine Gefahr.

Zur Aufrichtung/Versammlung:
IN DAS PFERD ATMEN

1. Der Kopfprojektor visualisiert ein Bild des Paares in stolzer Haltung und mit selbstbewusster Ausstrahlung.

2. Die eingeatmete Luft wird imaginär in die gerade notwendigen Körperteile geleitet und versetzt den eigenen Körper und den des Pferdes in eine angenehm vitale und kraftvolle Spannung.

3. Der Muskeltonus von Reiter- und Pferdekörper ist insgesamt etwas höher, damit die gesammelte Energie in die Übung entladen werden kann. Zu Beginn wird die erhöhte Körperspannung des Reiters vom Pferd eher als leichte Fluchtbereitschaft interpretiert. Daher sollte der Reiter über klare innere Bilder (wie in 1.) die Spannung in die Übung fließen lassen. Ist dem Pferd diese Art und Weise des Trainings später bekannt, kann es die Energie zum Imponieren nutzen. Dafür verlagert es sein Gewicht auf die Hinterhand und tritt mit den Hinterbeinen tiefer unter den Bauch.

»Lieben, Fühlen und Atmen statt Denken und Kontrollieren« – Leichter gesagt als getan

Auch wenn ich inzwischen vielleicht nicht mehr in allen Bereichen des Reitens meinen Kopf, meine Gedanken, benötige, hatte ich mir ehrlich gesagt Tassos Beitrag zu diesem Kapitel anders vorgestellt. Ich dachte, wir Menschen bekämen mehr technische Anweisungen wie: »Die Beweglichkeit der Hüfte und des Beckens ist uns wichtig«, »Die Beine sollten nicht klammern« oder Ähnliches.

In unserer modernen Leistungsgesellschaft sind wir Menschen oft gezwungen, unser Leben zu »verkopfen«, das heißt, unser Verhalten und unsere Entscheidungen weitestgehend von der Logik unseres Verstandes abhängig zu machen. Das ist im (Arbeits-) Alltag in vielerlei Hinsicht auch sehr nützlich. Doch im Umgang mit Pferden und beim Reiten ist es, wie wir nun noch einmal deutlich vor Augen geführt bekommen haben, oft eher hinderlich.

Der zehnjährige Ponywallach Nickel fand einmal eine sehr originelle Formulierung. Er riet seiner Besitzerin:

Der Kopf ist doch nur der Schutzschild des Herzens. Soll sie sich halt vorstellen, sie schraubt ihn ab wie bei einem Gespenst. Zumindest, wenn sie bei mir ist … Dann legen wir ihn in die Sattelkammer und holen ihn erst wieder ab, wenn sie geht.

Vielleicht hilft Ihnen dieser Tipp, vielleicht haben Sie für sich aber auch ganz andere Ideen oder innere Bilder.

Übungen

An dieser Stelle möchte ich Ihnen auch ein paar mentale, energetische und atemtherapeutische Praktiken vorstellen, die Ihnen und Ihrem Pferd vielleicht dabei helfen, sich aufeinander einzulassen.

Bei all diesen Übungen können Sie auch gerne Ihr Pferd bitten, Sie zu unterstützen. Wahrscheinlich macht es das aber ohnehin schon, auch ohne direkte Ansprache. Achten Sie deshalb auf Gedanken, Gefühle, Farben oder andere Eingebungen, die Sie plötzlich im Kopf, im Bauch, im Herzen oder eben in den betreffenden Körperstellen bemerken. Lassen Sie so etwas dankbar zu. Pferde sind wundervolle Heiler und Therapeuten. Sie wissen meist, was wir brauchen, und geben es uns gerne. Allerdings sollten Sie Ihrem Pferd zum Schluss der Stunde die Möglichkeit geben, die Lasten, die es Ihnen abgenommen hat, wieder loszuwerden. Wie das aussehen kann, erfahren Sie im Kapitel »Die innere Reinigung« ab Seite 112.

1. Die erste Methode habe ich in der Transaktionsanalyse entdeckt und für meine Zwecke ein wenig angepasst.

Die Transaktionsanalyse wurde von Eric Berne entwickelt als Konzept, mit dem (Trans-)Aktionsmuster und Lebenspläne bearbeitet werden können. Dabei sollen in Einzel- oder Gruppentherapien durch Erhellung Veränderungen bewirkt werden – und das ist zum Teil durchaus wörtlich gemeint.

Obwohl diese Methode in mancher Hinsicht inzwischen überholt ist, bietet sie mir eine Möglichkeit, mich auf mich selbst und mein Pferd zu besinnen, bevor ich richtig loslege. So möchte ich sicherstellen, dass ich möglichst präsent bin. Meist führe ich diese Übung durch, wenn ich zum Aufwärmen die ersten Runden im Schritt reite, manchmal aber auch bereits bei der hinführenden Bodenarbeit oder sogar schon beim Putzen, wenn ich merke (oder wohl meist eher das Pferd), dass ich »nicht ganz da« bin:

Ich stelle mir gerne vor, dass ich in meinem Körper so etwas wie einen Scheinwerfer habe. Den knipse ich in dem Körperteil an, den ich mir genauer »anschauen« möchte. Kann ich erst einmal sehen, was dort so los ist, habe ich auch die Möglichkeit, etwas zu unternehmen.

Zuerst beginne ich im Kopf: Dort wirbeln die Gedanken, die mich den bisherigen Tag über so beschäftigt haben, oft gewaltig durcheinander. Möchte ich für mein Pferd präsent sein, muss ich sicherstellen, dass ich meine Gedanken bei ihm habe. Also heißt es Aufräumen.

Ich weiß nicht, wie es bei Ihnen ist, doch ich für meinen Teil bin ziemlich unordentlich. Ich hasse Aufräumen!

Bei mir muss so etwas schnell und einfach gehen. Deshalb gibt es auch in meinem Kopf ringsherum Regale mit großen Fächern, in die ich alle Gedanken, die ich gerade nicht benötige, einfach hineinwerfe. Damit sie dann auch wirklich aus meinem Blickfeld verschwinden, habe ich an den Regalen Vorhänge angebracht – aus den (inneren) Augen, aus dem Sinn. Das funktioniert bei mir prima – und selbst wenn ich später einen oder mehrere Gedanken wieder brauche, habe ich nie Schwierigkeiten, etwas wiederzufinden.

Vielleicht sind Sie ordentlicher und möchten lieber alles in Schränke sortieren, vielleicht legen Sie auch nur eine Decke darüber. Egal was Ihnen hilft, versuchen Sie es mal. Es kann auch in ganz anderen Situationen sinnvoll sein.

Wichtig ist vor allem, dass ich bei diesem ersten Aufräumen mit meiner Wahrnehmung nur bei mir selbst bleibe. Sonst entstehen zu schnell Schuldzuweisungen an das Pferd. Auch hier hat mir die Scheinwerfermethode gute Dienste erwiesen: Ich nehme meinen Scheinwerfer einfach mit durch meinen restlichen Körper und beleuchte mich nach und nach von oben nach unten. Je nachdem, wo ich mich verspannt anfühle, beleuchte ich nun Knochen, Muskeln oder Organe. Oder ich mache mehrere Runden, wenn ich nach der ersten noch das Bedürfnis habe, mich weiter zu lösen.

Manchmal, wenn ich mich schlapp fühle oder auch voller unangenehmer Gedanken und Gefühle bin, stelle ich mir vor, dass ich diese Schlappheit, diese Gedanken und Gefühle mit jedem Ausatmen aus mir hinausatme. Bei jedem Einatmen bekomme ich dafür neue Kraft, helle Energie und positive Gedanken.

Übrigens ist die eben beschriebene Methode auch diejenige, die ich anwende, wenn ich, wie Tasso sich ausdrückt, **IN DAS PFERD** ATMEN möchte. Dafür schicke **ich** dann in meiner Vorstellung helle, kraftvolle Energie eben in die betreffenden Körperteile **des Pferdes**. Natürlich erst, nachdem ich mit gutem Beispiel vorausgegangen bin und mich selbst versorgt habe.

2. In ein paar wenigen Stunden Atemtherapie, die ich einmal genommen habe, lernte ich eine weitere sehr schöne Übung kennen, mit der sich Kopf und Körper »freiblasen« lassen.

Bei dieser Übung singt man die Vokale a, e und u in unterschiedlichen Tonlagen. Zugegeben, es ist eine Übung, die man ungern in der vollen Reithalle durchführt. Doch wenn ich mir dafür ein schönes, ruhiges Plätzchen gesucht habe, empfinde ich sie immer wieder als ungemein befreiend. Testen Sie, ob diese Übung zu Ihrem Weg hin zu einem entspannten Sitz gehören kann.

Das »A« wird gesungen, um den Kopf zu befreien – und das so oft und so lange, wie es angenehm ist. Jedes Ausatmen intoniert ein »A«. Danach kann man bei einer kurzen Atempause dem Vokal nachlauschen. Dann atmet man wieder entspannt ein, um schließlich das nächste »A« auszuatmen.

Das »E«, bei dem man genauso vorgeht, befreit den Brustraum und hilft, die Atmung von der Brust in den Bauchraum zu verschieben.

Das »U« wiederum löst den Unterleib, stellt eine Verbindung zur inneren Mitte her und verschafft Raum für die Bauchatmung.

3. Natürlich kann jedes Problem individuelle Ursachen haben. An dieser Stelle ist es schwierig herauszufinden, ob (wie man so schön sagt) das Huhn oder das Ei zuerst da war. Es gibt jedoch wie immer ein paar Tricks, mit denen sich herausfinden lässt, ob es beim Reiter oder beim Pferd »hakt«. Viele Übungen, die hier sehr gut helfen, basieren auf der Feldenkraismethode. Eine dieser Übungen, die ich immer wieder gerne durchführe und meinen Schülern empfehle, habe ich als »Perlenschnur« kennengelernt:

Schließen Sie hierbei die Augen, und lassen Sie das Pferd im Schritt (eventuell durch eine Führperson oder an der Longe gesichert) möglichst unbeeinflusst laufen. Am besten sitzen Sie dafür möglichst nah, also ohne Sattel auf dem Pferd. Die Übung lässt sich aber auch problemlos mit Sattel durchführen.

Gehen Sie in Gedanken mit Ihrer Aufmerksamkeit Ihre Wirbelsäule Wirbel für Wirbel von oben nach unten entlang. Bei dieser Übung ist das Pferd Ihr Indikator für Blockaden, denn im

Allgemeinen wird es bei einer Unbeweglichkeit der Wirbel stehen bleiben oder zumindest langsamer werden. Blockieren eben. Nun ist es an Ihnen, noch einmal zu rekapitulieren:

An welcher Stelle war ich gerade mit meiner Aufmerksamkeit? Welcher Körperstelle entspricht dies beim Pferd? (Man nennt das Homologie; ich werde gleich etwas näher darauf eingehen.) Bei welchen Übungen beim Reiten kommt diese Stelle zum Tragen?

Und? Sie haben nun sicher endlich einen handfesten »Beweis« dafür, dass Ihr Pferd Sie mindestens auf körperlicher Ebene spiegelt.

Diese Übung können Sie natürlich auch mit Ihrer Muskulatur am Rücken oder auch anderen Bereichen Ihres Körpers versuchen. Für mich sind die Ergebnisse der Übung zusätzlich ein Zeichen dafür, dass Mensch sich, wenn irgendetwas nicht gut klappt, erst einmal an die eigene Nase fassen sollte.

Übrigens funktioniert dies auch, wenn Sie ein Ihnen unbekanntes Pferd reiten. Diese sensiblen großen Tiere brauchen normalerweise nur eine oder zwei Runden, um sich körperlich und seelisch auf uns Menschen einzustellen.

Das sind meine Grundübungen, mit denen ich Körper und Geist auf das Pferd einschwinge. Sie wirken bei mir wie eine Putzkolonne. Je nach Stimmung nutze ich mal die eine, mal die andere Variante. Versuchen Sie es einfach. Vielleicht helfen sie Ihnen auch, womöglich sind für Sie aber andere Übungen sinnvoll. Gerade in diesem Bereich gibt es viele Methoden. Finden Sie das, was für Sie stimmig ist.

Konkrete Tipps

Nach so vielen mentalen Übungen ist es wieder Zeit für ein paar konkrete Reittipps.

Im Gegensatz zu vielen anderen Reitlehrern beginne ich bei meinen fortgeschrittenen Reitern die Korrektur des Sitzes meist bei den Händen. Eine nach unten gedrückte Hand beeinflusst meiner Erfahrung nach nämlich ganz erheblich die Atmung und darüber wieder die Körperspannung und die Blickrichtung des Reiters. Infolgedessen werden natürlich ebenfalls die Atmung, die Körperspannung und die Kopfhaltung des Pferdes beeinflusst.

Wird ein Pferd mit tiefer, breiter Hand geritten, ist es für den Reiter schwer, aufrecht mit weiter Brust und gehobenem Blick zu sitzen.

Beobachten Sie sich selbst: Sinken Ihre Hände nach unten, werden die Schultern rund, die Brust wird eng, der Kopf sinkt nach unten, und Ihr Blick landet im Nacken des Pferdes. Dies alles bedeutet, dass Ihre Atmung flacher wird. Dadurch wiederum erhöht sich insgesamt die Spannung in Ihren Muskeln. Hinzu kommt, dass Ihr armes Pferd Ihren starrenden Blick im Nacken tragen muss. Was das für das Pferd bedeutet, wissen Sie ja mittlerweile.

Beobachten Sie sich nun in der Korrektur: Heben Sie Ihre Hände so, dass sich ein rechter Winkel zwischen Ober- und Unterarmen bildet. Sie werden spüren, dass es nun viel einfacher ist, auch den Oberkörper aufzurichten.

Bitte versuchen Sie nicht, mit Kraftanstrengung Ihren Rücken zu strecken. Das allgemeine Kommando der Reitlehrer heißt meist: »Schulterblätter zusammen!« – aber dabei verkrampfen die meisten Menschen nur. Mir hilft es an diesem Punkt mehr, mir vorzustellen, dass sich auf meiner Brust eine große Blüte befindet, die sich entfalten möchte. Dafür benötigt sie Raum. So bleibe ich entspannter.

Es fällt leichter, gerade zu sitzen, wenn die Hände über dem Widerrist getragen werden.

Und der restliche Reiterkörper? Bleiben Sie, solange Sie mit Ihrem Pferd an Dehnung, Vorwärts-Abwärts und Gleichgewicht arbeiten, ruhig im entspannten Sitz: Lassen Sie Hüfte, Beine und Fußspitzen noch locker und der Bewegung weitestgehend passiv angepasst.

Die notwendigen Hilfen geben Sie impulsartig. Das bedeutet, dass Sie Ihren Körper nur dann aktiv nutzen, wenn Sie eine Veränderung einleiten möchten.

Spüren Sie dazu in Ihren Körper hinein, und sorgen Sie für genau das, was Sie sich auch von Ihrem Pferd wünschen: Sie haben eine ganz leichte, aber noch lockere Spannung im Nacken, in den Schultern und im Rücken (beim Pferd nennt man das eine »gewölbte Oberlinie«). Die Hüfte ist locker und schwingt entspannt in der Bewegung mit, ebenso wie Ihre Beine die seitlichen Bewegungen des Pferdebauches sanft begleiten (die Lendenwirbelsäule ist beweglich, die »Hinterbeine« treten locker mit).

Haben Sie es bemerkt? Sie machen Ihrem Pferd damit vor, was Sie von ihm erwarten. Sie gehen also mit gutem Beispiel voran.

Das funktioniert zwischen Mensch und Pferd sehr gut, denn unsere Körper sind im Großen und Ganzen ähnlich aufgebaut. Wenn Sie einmal den grundlegenden Körperbau eines Pferdes und den eines Menschen betrachten, so werden Sie viele Ähnlichkeiten bemerken. Im biologischen Fachjargon nennt man das »Homologie«. Das bedeutet, dass heute lebende Tierarten zu Gruppen mit gemeinsamen »Bauplänen« zusammen gefasst werden können. Auch wenn Organe (in unserem Fall Muskeln und Knochen) äußerlich eine andere Form und Funktion haben, lassen sie sich doch auf die gleiche Grundform zurückführen.

Können Sie Ihre eigenen Gliedmaßen halbwegs koordiniert mit dem Pferd zusammen bewegen, ist es an der Zeit, dass Sie den Schwierigkeitsgrad erhöhen und sich mit Ihrer Atmung beschäftigen – denn an dieser Stelle kommt noch Tassos Tipp »DAS PFERD **IN DIE ÜBUNG** ATMEN« hinzu. Agieren Sie mithilfe der Atemblase, und reiten Sie Ihrem klaren inneren Bild hinterher.

Puh, sind Sie gut! Diese vielen Ansprüche zusammenzuführen, ist schon eine gewaltige Leistung.

»Aber ohne Anspannung und Angst« – Wege in die reelle Versammlung

Das sagt der Profi dazu

Die 17-jährige Warmblutstute Lena äußerte sich zu diesem Thema folgendermaßen:

Ich möchte später wieder richtig einen Reiter tragen … Aber nicht mehr so wie früher, mit Anspannung und Angst. Für mich war das immer so, dass sich zwischen dem Druck vorne am Gebiss und dem hinten von der Gerte die Angst aufgebaut hat. Mein Herz raste so sehr, dass ich vor ihm wegrennen wollte. Ich galoppierte zwar, aber vor der Angst weg. Von Losgelassenheit keine Spur. Sah nur schick aus.

Zur Erläuterung

Was bedeutet »Versammlung«?

Ein Pferd ist von Natur aus erst einmal nicht dafür gemacht, einen Reiter zu tragen. Während seines Lebens trägt es sein eigenes Gewicht zum größten Teil auf den Vorderbeinen. Mit diesen »bremst« es auch. Die extrem kräftige Hinterhand dient als Motor und dem Fluchttier Pferd damit als Lebensversicherung.

Diese Grundeigenschaften haben sich auch durch die jahrhundertelange Zucht von Pferden nicht grundlegend verändert. Für das Pferd ist das nach wie vor in Ordnung – damit kann es uralt werden.

Problematisch wird es nur, wenn wir Menschen uns auf seinen Rücken setzen und damit noch mehr Gewicht auf die Vorderbeine bringen. Wenn wir unserem Pferd dies auf Dauer (das heißt, ein ganzes Pferdeleben lang) antun, leiden schließlich mindestens die Vorderbeine, wahrscheinlich jedoch aufgrund von Ausweichbewegungen auch der Rücken und die Hinterhand des Pferdes.

Daher muss unser Pferd lernen, uns einerseits mit seiner starken Rückenmuskulatur und nicht mit der Wirbelsäule zu tragen und andererseits unser gemeinsames Gewicht auf die kraftvolle Hinterhand zu verlagern. Diese hat, weil unser Pferd ja nicht ständig fliehen soll, ein hohes Kraftpotenzial. Wenn wir unser Pferd »verschleißarm« bis ins hohe Alter reiten wollen, können wir lernen, dieses Kraftpotenzial auszuschöpfen.

Der Weg dorthin führt allerdings paradoxerweise erst einmal über das Reiten auf der Vorhand. Dabei lernt unser Pferd neben der Grundvoraussetzung, sein (und unser) Gleichgewicht zu halten, den ersten Schritt, nämlich uns mit der Rückenmuskulatur zu tragen. Dies ist gemeint, wenn es heißt, das Pferd soll »den Rücken aufwölben«. Es soll zu Beginn seiner Reitpferdekarriere mit der Nase ungefähr auf der Höhe des Buggelenks (Vorwärts-Abwärts) sanft am Gebiss angelehnt gehen. Dabei soll es aktiv mit den Hinterbeinen treten, damit im Pferderücken auch eine Wölbung eintritt.

Später wird im Idealfall die Hinterhand immer weiter unter den Bauch des Pferdes treten (unter den

Reiten in Naturhaltung macht viel Spaß und schadet auch ab und an gar nicht. Doch auf lange Sicht belastet unser Gewicht zu stark die Wirbelsäule und die Vorhand des Pferdes.

Schwerpunkt). Dadurch hebt sich der gesamte vordere Teil des Pferdes. Der Kopf wird also nicht, wie oft gedacht, angehoben, sondern er hebt sich »automatisch«, weil die Hinterhand sich senkt. Damit trägt unser Pferd sich und uns dort, wo es auch genügend Kraft dafür hat. Diesen Zustand nennt man »Versammlung«, weil – bildlich gesprochen – die Kraft dieses starken Tieres in der Hinterhand »versammelt« wird.

Zu diesem Thema zunächst ein Beispiel aus meinem Umfeld: Meine Mutter sagte mir, als ich ihr vor einigen Jahren vorschlug, doch zur Reduzierung ihrer Rückenschmerzen Tasso ab und an im Schritt zu reiten, sie könne das nicht mehr, weil sie keine Kraft mehr in den Armen habe.

Ich brauchte lange, bis ich verstand, dass sie das gelernt hatte, was Lena zu Beginn dieses Kapitels beschrieben hat. Man nennt das im Allgemeinen »gegen die Hand reiten« – das ständige Treiben mit den Beinen wird vorn durch das Ziehen am Zügel gebremst. So wurde meiner Mutter beigebracht, Pferde in die Aufrichtung zu reiten. Es ging darum, die damals fast ausschließlich in der Box gehaltenen, übermütigen Tiere am Explodieren zu hindern. Die Pferde sollten den Kopf anheben und so mehr Gewicht auf die Hinterhand legen.

Eine Versammlung wird leider oft fälschlicherweise durch das eben erwähnte vermehrte Treiben, ein Verkürzen der Zügel und ein Hochziehen des Pferdekopfes mit denselben erschummelt. Bei manchen Pferden mag das funktionieren. Und wer mit seinem Reitstil gut zurechtkommt, der soll dabei bleiben. Ich möchte nicht prinzipiell missionieren.

Für mich war diese Reitweise jedenfalls nie geeignet, weil ich kein Muskeltyp bin – genau wie meine Mutter. Und irgendwann habe ich nicht mehr eingesehen, mein Leben lang (auf diese Reitweise bezogen) schlecht zu reiten, nur weil ich nicht ausreichend Kraft habe.

Auch für viele Pferde ist das Gegen-die-Hand-Reiten sehr unangenehm. Um es etwas technisch auszudrücken, wird dabei gleichzeitig mit Gas und Bremse gearbeitet. Ein Auto verbraucht auf diese Weise unnötig viel Treibstoff und geht über kurz oder lang kaputt. Bei Reiter und Pferd ist das ähnlich: Meist erhöht sich nur der Druck auf das Pferdemaul, und die

Muskeln aller Beteiligten verkrampfen. Frei übersetzt verbraucht der Reiter zu viel Sprit, und das Pferd geht meist kaputt.

Der Kopf des Pferdes hebt sich zwar, doch oft bei gleichzeitigem Nach-unten-Drücken der Wirbelsäule. Das sieht für ungeschulte Blicke vielleicht sogar – wie Lena sagt – recht schick aus. Doch auf diese Art verlagert das Pferd in der Regel nicht, wie gewünscht, bei gewölbten Rücken sein Gewicht auf die Hinterhand.

Die Folge sind Blockaden der Wirbelsäule, verkrampfte Muskeln und nach längerer Zeit leider oft sogar sogenannte Kissing Spines (das heißt, die Wirbelkörper berühren sich und reiben aneinander, was für das Pferd schmerzhaft ist). Ganz davon abgesehen »vergessen« viele Pferde bald ihren Instinkt als Lauftier und laufen ohne das ständige Treiben kaum noch.

Viele sogenannte Unarten lassen sich auf diese Reitweise zurückführen. Meiner Erfahrung nach haben Pferde neben der Möglichkeit, sich mit dieser Reitweise zu arrangieren, zwei Chancen: »explodieren« oder »implodieren«. Sie akzeptieren entweder »Gas« oder »Bremse« nicht.

Pferde, die »explodieren«, buckeln, steigen oder rennen. Pferde, die »implodieren«, werden häufig triebig, schlagen mit dem Kopf, zeigen Zungen- oder Lippenfehler, gehen Pass oder lahm (zügellahm). Wenn ein Pferd in seiner Verzweiflung nicht mehr weiterweiß, können auch beide Varianten aufeinander folgen und ineinander übergehen.

Hat ein Pferd mit Buckeln oder Rennen keinen Erfolg (weil sich dadurch am Verhalten des Reiters nichts ändert), resigniert es manchmal und wird dann triebig. Anfangs sind die Reiter meist noch froh darüber, weil sie meinen, nun zum sogenannten Treiben zu kommen. Mit der Zeit verlieren diese Pferde allerdings mehr und mehr an Ausstrahlung, weil sie keinen Spaß mehr an dem haben, was in ihrer Natur liegt: am Laufen.

Gerade im Reitschulbetrieb habe ich diverse Pferde erlebt, die gar nicht mehr vorwärtsliefen. Wenn die Pferde hintereinandergingen, lösten diese Tiere die Abteilung auch oft auf, weil sie einfach nicht angaloppierten. Ein Zuckeltrab war vielleicht gerade noch drin. Aber statt dem Galopp gab es eine Vollbremsung. Die Folge war dann auch bei ungeübten Reitern der Einsatz längerer Gerten und schärferer Sporen …

Allerdings ist diese Entwicklung auch »in die andere Richtung« möglich. Während meines Studiums verdiente ich mir meinen Lebensunterhalt durch Reitunterricht auf einem Ponyhof. Damals erlebte ich, dass eines der Ponys als »unbrauchbar« (weil es nicht mehr vorwärtslief) verkauft wurde. Einige Wochen später erfuhr ich, dass die neue Besitzerin im Krankenhaus lag, weil das Pferd fast nur noch buckelte. Es explodierte regelrecht, seit es dem Schulbetrieb entronnen war. Insgesamt schien die Besitzerin bei dem Pferd den Spaß am Laufen zwar schon recht schnell wieder geweckt zu haben, doch ich vermute, sie war wieder aufgestiegen, bevor das Pferd seine aufgestaute Wut und Energie (die diese gebremste Reitweise leider beim Pferd verursacht) hatte verarbeiten können.

Diese oft über Jahre angesammelte innere Spannung muss ein solches Pferd natürlich erst einmal auf ungefährliche Art (z. B. bei der Freiarbeit oder an der Longe) abbauen, bevor es wieder gefahrfreier geritten werden kann.

Ziel der Versammlung sollte eigentlich sein, »Energie in das Pferd zu reiten«, das heißt, es sollte den Rücken wölben und durch eine dauerhafte Erhöhung der Körperspannung an Ausstrahlung gewinnen. Nur wird, um dies zu erreichen, leider oft gegen die Hand geritten.

Konkrete Tipps

Um das Pferd erst gar nicht in eine solche Frustration zu reiten, beginne ich den Aufbau der vermehrten Körperspannung lieber bei mir selbst.

Konkret bedeutet das, dass ich meinen eigenen Muskeltonus erhöhe, und zwar von unten nach oben, damit dies ohne Verkrampfungen geschieht:

1. **Zuerst hebe ich meine Fußspitzen an.** Ja, Sie haben richtig gelesen. Beim Absenken des Absatzes muss ich die Wade aktiv anspannen. Da ich jedoch insgesamt lieber den Tonus meines Körpers in der Dehnung erhöhe (schon weil ich in gedehnte Muskeln besser hineinatmen kann), versuche ich, dort, wo es möglich ist, lieber mit gegenüber liegenden Körperpartien zu arbeiten.

Konkret bedeutet dies, dass ich in die Wade dehne, indem ich mit den Muskeln am Schienbein die Fußspitze anhebe. Mit dieser Bewegung bringe ich gleichzeitig ins gesamte Bein eine leichte, aber flexible Spannung.

2. Auf die gleiche Art verfahre ich nun auch mit meiner Lendenwirbelsäule: Ich möchte im Endeffekt dort die Dehnung verstärken. **Daher schiebe ich mithilfe meiner Bauchmuskeln die Hüfte ein wenig nach vorn.**

3. Um meinen Nacken nun noch ein wenig mehr zu runden, ziehe ich mein **Kinn** etwas nach **hinten/unten**. In den praktischen Tipps im Kapitel über den Sitz (ab Seite 67) habe ich bereits erwähnt, dass der Rücken gestreckt werden kann, indem man sich vorstellt, eine Blüte entfaltet sich auf dem Brustbein. Durch diese Aufrichtung meiner Brust erzeuge ich also eine gewisse Spannung im Rücken.

4. Reagiert mein Pferd bereits auf die gegebenen Impulse, bleibt mir nun noch, die Lage meiner Beine – wenn möglich von der Hüfte an abwärts – dem veränderten Schwerpunkt anzupassen: Da die Hinterhand etwas absinkt, rutschen meine **Beine** am Pferdekörper ebenfalls **etwas nach hinten**, damit sie senkrecht über der Erde bleiben.

Reagiert das Pferd noch nicht, lege ich meine Beine aktiv ein wenig zurück. Das Pferd kennt diese Hilfe von mir aus der Kurve. Dabei fordert der zurückgelegte Schenkel nämlich (in Verbindung mit allen anderen Hilfen) im übertragenen Sinne das gegenüberliegende Hinterbein (also z. B. der rechte Schenkel das linke Hinterbein) zum vermehrten Untertreten auf. Logisch, wir wissen ja, dass eine Kurve mit dem inneren Hinterbein eingeleitet wird.

Für das Reiten in Dehnungshaltung lasse ich entspannt die Fußspitzen hängen (mit Sattel bedeutet dies, dass ich die Bügel auch im Leichttrab relativ lang einschnalle) und dehne meinen Rücken und meine Nackenpartie. Damit erlaube ich Siluna, ebenfalls entspannt in Dehnungshaltung zu gehen. Die Stute hat einen enormen Vorwärtsdrang und eine erhöhte Fluchtbereitschaft. Eine hohe Körperspannung in meinem Bein (ausgehend vom nach unten gedrückten Absatz) würde ihr zu viel Kraftgebrauch für ihre Hinterhand signalisieren.

Lege ich also beide Unterschenkel ein bisschen zurück (bzw. passe sie dem vorhandenen Gefälle an), wird das Pferd mit beiden Hinterbeinen vermehrt unter seinen Schwerpunkt treten.

Um es ein bisschen einfacher auszudrücken: Ich versuche, meinen Körper in einer Linie senkrecht zum Boden zu halten. Im Prinzip ist das eine Körperhaltung, die ich einnehme, wenn ich mit dem Blick Richtung Gipfel

Durch meine eigene vermehrte Körperspannung, vor allem im Oberkörper, richtet Ouzo sich im Genick auf. In der Versammlungsphase werde ich ihn später im Aussitzen durch das Vorschieben meines Beckens zum Absenken der Kruppe und durch das Anziehen meiner Fußspitzen zum vermehrten Beugen der Hinterbeine auffordern.

an einem Berghang stehe. So wird übrigens auch der Ausdruck »bergaufreiten« hergeleitet.

Da wir bereits festgestellt haben, dass Menschen und Pferde im Wesentlichen den gleichen »Grundbauplan« haben, bedeutet das für mich als Reiter, dass ich meinem Pferd sozusagen auch weiterhin mit gutem Beispiel vorangehen kann. Ich bewege meinen Körper so, wie es das Pferd ebenfalls tun soll. Und ich halte mich in der Spannung, die auch mein Pferd halten soll. Das hat zusätzlich den Vorteil, dass ich merken werde, wenn etwas unbequem wird.

Wenn mein Pferd sich verspannt, sich verwirft oder sich mir entzieht, prüfe ich immer zuerst einmal mich selbst. Meist kann ich dann ganz gut fühlen, wo es bei mir zwickt und zwackt. Diese Faustregel gilt natürlich genauso für die allgemeine Hilfengebung (Tasso hat es im Kapitel über Lenken und Gleichgewicht, ab Seite 49, bereits betont).

Können Sie all die bisher in diesem Buch beschriebenen Ideen und Übungsvorschläge halbwegs beherzigen, ist es nun an der Zeit, dass Sie nach Tassos Anweisung **IN DAS PFERD** ATMEN und damit sich und Ihrem tierischen Partner die nötige Energie zur Verfügung stellen. Spätestens jetzt müssten Sie zumindest eine Ahnung von dem Gefühl der Einheit zwischen sich und Ihrem Pferd bekommen.

Noch ein Tipp: Es gibt natürlich auch Übungen (geritten oder geführt), die die Versammlung durch Kräftigung und Dehnung der Hinterhand unterstützen. Großen Spaß macht vielen Pferden dass Klettern am Berg. Bergauf im ständigen Wechsel von Halten und Antreten stärkt die Muskulatur. Der gleiche Wechsel bergab dehnt, weil das Pferd dann beim Anhalten deutlich untertreten muss. Diese Dehnung lässt sich auch noch steigern, indem Sie das Pferd rückwärts klettern lassen. Wichtig ist hier natürlich, dass Sie freundlich und wertschätzend bleiben, damit Ihr Pferd sich nicht bestraft fühlt.

Bitte nicht gegen die eigene Anatomie oder die des Pferdes kämpfen

Trotz aller Homologie zwischen Mensch und Pferd bitte ich Sie jedoch um ebensolche Nachsicht mit sich selbst, wie Sie sie mit Ihrem Pferd haben. Niemand hat den perfekten Körper. Wir alle, und damit meine ich sowohl uns Menschen als auch die Pferde, haben größere oder kleinere Wehwehchen.

Versuchen Sie also beispielsweise nicht, krampfhaft gegen Ihr Hohlkreuz anzukämpfen, um den Rücken zu wölben und Ihrem Pferd so zur Aufrichtung zu verhelfen. Tun Sie nur das, was ohne Verkrampfen möglich ist. Meiner Erfahrung nach ist es in der Wechselwirkung mit dem Pferd hinderlicher, zu viel zu tun als zu wenig.

Auch Ihr Pferd hat seine anatomischen Besonderheiten – vielleicht hat es ebenfalls einen Senkrücken oder ein Hüftproblem, enge Ganaschen oder was auch immer. Mit jedem Problem kann man umgehen und auch (im Rahmen des körperlich Möglichen) Verbesserungen erzielen.

Um Ben zu zitieren: *Ein drei(einhalb)-beiniges Pferd wird nie piaffieren können.* Doch in seinem ihm möglichen Rahmen wird ein solches Pferd ebenfalls Fortschritte machen können, sofern es mit Spaß und ohne überhöhte Ansprüche üben darf.

Bitte lassen Sie also sich selbst gegenüber Nachsicht walten: Haben Sie beispielsweise eine schiefe Hüfte, zwingen Sie sich nicht zu völlig seitengleicher Hilfengebung. Ihr Pferd wird nach und nach verstehen, was Sie von ihm möchten, und sich physisch auf Ihren Körper einstellen. Es wird Sie spiegeln. Daher ist es sinnvoll, in einem solchen Fall ab und zu auch mal einen anderen Reiter auf Ihr Pferd zu lassen, damit es seine Muskulatur wieder »gerade rücken« kann. Denn natürlich wird das Pferd Ihre eigene Körperspannung übernehmen, ob Sie es nun gerade wünschen (für die Aufrichtung) oder eben nicht (bei Verspannungen der unangenehmen Art).

Ihre körperliche Individualität könnte auch ein Anlass dafür sein, sich einmal eingehender mit unterschiedlichen Sätteln und auch mit unterschiedlichen Reitweisen auseinanderzusetzen. Es gibt inzwischen, vor allem im Freizeitbereich, viele Philosophien und Meinungen. Diese gehen oft genug mit speziellen Eigenheiten der Hilfengebung und des Reitersitzes einher.

Vielleicht finden Sie ja die eine oder andere Reitweise, die Ihnen entgegenkommt. Sicher entdecken Sie auch in mehreren Stilen Vor- und Nachteile.

Heidi hat von Kindheit an einen Hüftschaden. Es wäre unsinnig, wenn sie versuchen würde, ihre Beine weiter nach hinten zu legen. Trotzdem versteht Siluna ihre Reiterin und kann sich entspannen.

Auch wenn die Vertreter der jeweiligen Richtung oft der Meinung sind, die einzige »Wahrheit« zu vertreten, heißt das für Sie als eigenverantwortlicher Reiter nicht, dass Sie jedes Dogma anerkennen müssen. Suchen Sie sich ruhig Ihren eigenen Weg. Ich bin immer der Meinung, dass für jeden Einzelnen die Art zu reiten die richtige ist, die sich sowohl für das Pferd als auch für den Reiter gut anfühlt.

Noch ein Beispiel als Abschluss dieses Themas? Ich selbst habe zwei unterschiedlich lange Beine und sitze daher trotz unterschiedlich langer Bügel leider oft etwas schief auf dem Pferd. Es gibt Tage, an denen sowohl ich als auch die Pferde relativ locker sind und wir meine Schiefe ganz gut kompensieren können. An anderen Tagen klappt das gar nicht gut, weil mein rechtes Hüftgelenk regelrecht verklemmt ist. Leider sind das häufig gerade die Tage, an denen ich zu mir selbst ebenfalls keine so gute Verbindung habe und nicht spüre, woran es liegt.

Zwei der Pferde, die bei mir leben, sind (bzw. waren) mir da beim Reiten immer ungemein gute Melder, weil sie in puncto Gewichtsverlagerung und Gleichgewicht nicht so nachsichtig waren wie Tasso. Die Stute Siluna weigert sich an solchen Tagen beispielsweise schlichtweg, nach links auf den Zirkel abzuwenden. Mein Pony Ben verwarf sich in solchen Fällen immer gewaltig im Genick oder hob sich im Kopf nach oben heraus und drückte den Rücken nach unten weg. Dies waren oftmals frustrierende Reitstunden.

Diesbezüglich hat mir auch die telepathische Nachfrage wenig geholfen, denn es kamen keine konkreten Erklärungen. Von Ben bekam ich meist zu hören: *Du sitzt ja auch sch…* (Er hat manchmal eine recht rüde Ausdrucksweise.) Siluna erläuterte manchmal wenigstens: *Links ist gar kein Gewicht von dir.*

Im Nachhinein denke ich, dass gerade dieser Ärger uns an vielen Stellen Antrieb war, nach gemeinsamen Lösungen zu suchen – und somit eine Chance, unsere Beziehung zu vertiefen.

Ein Problem entsteht oft aufgrund unserer Sichtweise auf eine Situation. Oder, wie man auch sagt: Probleme sind Lösungen in Arbeitskleidung. Manchmal merkt man das leider erst viel später … Aufgrund seines schlimmen Unfalls vor einiger Zeit ist Ben inzwischen gar nicht mehr reitbar. Heute wären wir beide auch für so eine doofe Reitstunde dankbar. Manchmal weiß man eben erst, was man hatte, wenn es unwiederbringlich vorbei ist. Doch ich habe daraus gelernt, mich über das zu freuen, was ich habe – und mich nicht zu ärgern, weil ich gerne mehr hätte.

Was ich damit sagen möchte? Gerade aus solchen schwierigen Reitstunden kann man eine Menge lernen. Und sei es lediglich, die Ruhe zu bewahren, ohne Ärger und Schuldzuweisung zu analysieren, woran ein Problem liegen könnte, und vor allem, die

Ben zeigte mir immer deutlich, wenn ich schief saß: Hier ist zu viel Gewicht auf der linken Seite, ich starre ihm in den Nacken und halte die Luft an.

Für die Sitzkorrektur (in diesem Fall: mehr Gewicht nach rechts, Kopfprojektor anschalten und Atemblase aufbauen) bekam ich von ihm aber wenig Hilfestellung.

Ursache bei sich selbst zu suchen. Hier hilft **mir** im Allgemeinen, den Schritt zurück zum passiven Reiten zu gehen.

Konkret bedeutet das, dass ich mein Pferd im Schritt am hingegebenen Zügel gehen lasse und versuche, in meinen Körper hineinzuspüren. Habe ich beispielsweise ein Problem mit dem Lenken, überprüfe ich mich in der Eigendrehung, der Gewichtsverlagerung, der Flexibilität der Hüfte, der Drehung der Fußspitze etc.

Am besten geht das bei mir immer mit geschlossenen Augen.

»Am falschen Ende begonnen« – Tölt

Das sagt der Profi dazu

Der neunjährige Islandwallach Fagur hat sein hervorragendes Körpergefühl einmal sehr passend in Worte gefasst:

Mein Traum ist es, am durchhängenden Zügel zu tölten. Wie in Island durch die Landschaft. Wie meine Vorfahren. Das liegt uns allen im Blut. Doch die meisten von uns lernen es über Hochziehen des Kopfes mit dem Zügel. Das ist am falschen Ende begonnen.

Ich möchte in der Reitbahn vorerst nur hinführende Sachen machen. Und im Wald soll meine Reiterin dann fühlen, wenn sich meine Kraft unter sie verschiebt. Sie soll drauf achten, wenn ich im Trab den Kopf hochhebe, und nichts dran ändern. Das ist der Punkt für Gewichtshilfe. Und dann Zügel wegschmeißen und »Tölt« denken. Mehr nicht! Irgendwann wird es gehen …

Doch vorerst nur im Wald und nur, wenn der Tölt von alleine kommt. Dann soll sie sich das Gefühl merken und erst, wenn sie es ganz sicher erkennt, wieder in die Reitbahn transportieren …

Hilft dir die Arbeit im Round Pen mit eurer Reitlehrerin weiter, damit du weniger steif wirst? Vor allem rechts, hast du mal gesagt, sei deine Hüfte steif.

Ja, aber auch Seitengänge und Biegeübungen am Kopf, wie du immer sagst. Mit ganz tiefem Kopf und viel Dehnung, vor allem oben im Hals. Einfach dem Unterhals sämtliche Kraft nehmen. Obwohl wir Isländer ihn ja zum Tölt ein bisschen brauchen. Aber eben nicht viel, sonst wird geschummelt. Du weißt ja: Rücken weggedrückt, Kruppe bleibt oben und Unterhals trägt alles. Nicht sehr gesund. Sieht schick aus, aber es gibt viele Isis mit Rückenschmerzen.

Ein anderer Blickwinkel

Im eigentlichen Sinne bin ich ja keine Gangpferdetrainerin. Doch meine Erfahrungen und viele Bemerkungen von Isländern in den Tierkommunikationen haben mich schließlich dazu verleitet, mich doch kurz dazu zu äußern.

Leider kommen viele Isländer erst zum Training zu mir, wenn sie bereits starke Rückenschmerzen haben und/oder sogar aufgrund völlig verkrampfter Muskulatur fast nur noch Pass gehen können. Meist erfahre ich dann, dass diese Ponys mit vier Jahren in der Gangpferdeausbildung waren und dort auch bereits angetöltet wurden.

Wenn das Antölten vorsichtig geschieht, üben die Fachleute vorerst ohne Reiter. Doch oft gehört der gerittene Tölt zur Grundausbildung unter dem Sattel dazu. Sind die Pferde viereinhalb oder fünf Jahre alt, lassen die Besitzer sie zu Hause dann, mehr oder minder angeleitet, mit einem Reiter im Sattel munter weitertölten.

Im Allgemeinen wird von Anfang an sehr viel Wert auf die regelmäßige Ausübung möglichst aller Ganganlagen des Islandponys gelegt. Ich muss gestehen, dass ich diejenigen bewundere, die sich auf Gangpferde spezialisiert haben, weil ich es schon schwer genug finde, drei Gangarten korrekt und reell zu reiten.

Nach dem, was ich in der letzten Zeit in den Kommunikationen mit Islandpferden glücklicherweise häufiger erfahre, gibt es inzwischen viele Islandreiter, die den Tölt ebenfalls als sensibles Thema betrachten. Viele sind daher sehr vorsichtig und gehen ihn in Absprache mit ihrem Pony an.

In meinen reiterlichen Korrekturen von Isländern habe ich leider oft auch die gegenteilige Erfahrung machen müssen: Der Tölt wurde nicht reell über ein Absenken der Kruppe erritten, sondern über ein Heben des Kopfes. Dies geschieht, wenn meiner Meinung nach viel zu früh und viel zu viel getöltet wird.

Da beim Tölt ein Absenken der Kruppe und damit verbunden eine Verlagerung der Gewichtsaufnahme auf die Hinterhand notwendig ist, handelt es sich hierbei bereits um eine Art der Versammlung. Diese kommt in der zeitlichen Abfolge des Trainings aber bekanntlich erst an die Reihe, wenn das Pferd gelernt hat, den Reiter mit aufgewölbtem Rücken und untergesetzter Hinterhand – also in der Versammlung – zu tragen.

Wenn ich mich mit einem Isländer gymnastisch und reiterlich beschäftige, sagt mir mein gesunder Menschenverstand, dass ich – trotz aller individueller charakterlicher Besonderheiten und sicher auch Grundlagen der Rasse – zuerst einmal ein ganz normales Pferd vor mir habe. Also sollte ich **auch dieses Pferd** grundlegend dazu befähigen, den Reiter mit der richtigen, also gesunden Muskulatur zu tragen. Das bedeutet, es sollte zuerst lernen, mit aktiver Hinterhand und schwingendem Rücken korrekt Vorwärts-Abwärts zu gehen.

Der Tölt ist meines Erachtens nach eben deshalb eine versammelnde Übung, weil für eine dauerhaft schmerzfreie und korrekte Ausführung ein Absenken der Kruppe und eine Verlagerung des Schwerpunktes nach hinten nötig ist. Da müssen Reiter und Pferd erst einmal hinkommen! Daher finde ich, dass der Tölt eine Lektion des höheren Ausbildungsstandes ist, wie das Travers, die Piaffe, die Passage und so weiter. Es gehört **nicht** in die Grundausbildung eines Pferdes (zumindest nicht aus dem Sattel), sondern in die Phase, in der das Pferd lernt, sich zu versammeln. Das heißt nicht, dass ich einen Tölt ablehnen würde, wenn das Pferd ihn mir – wie von Fagur beschrieben – freiwillig anbietet. Doch ich sollte ihn bis zur sicheren Versammlung lediglich reaktiv unterstützen, aber nicht einfordern.

Wir sind damit wieder an einem geeigneten Moment für meinen Lieblingsspruch angelangt: »Der Weg auf den Berg führt durch das Tal.«

Auch für ein reell gerittenes Gangpferd gibt es Übungen, die nicht nur Spaß machen, sondern auch die Gymnastizität und Kräftigung für die besonderen Gänge erarbeiten. Islandstute Von (gesprochen »Wohn«) übt gerne die Polka.

»Die Einheit findet man nur über das Lachen« – Lernen soll Spaß machen

Mein Pony Ben Cartwright möchte noch etwas zum »Lachen beim Reiten« sagen:

Das Lachen lässt Reiter und Pferd schweben. Da kann man die Einheit finden. Wenn der Reiter ehrlich ist, findet man die Einheit auch nur in ***gemeinsamen*** *Fortschritten. Bleibt man stehen und stagniert, macht jeder seins. Selbst wenn man zusammen unterwegs ist. Das Pferd schaut dann vielleicht nach anderen Pferden und Rehen im Wald oder beginnt, sich in der Bahn zu langweilen. Und der Reiter guckt in die Luft oder, noch schlimmer, ist in Gedanken im Büro oder so. In der Bahn wird er dann meist verbissen und hat gar nichts mehr mit dem Pferd zu tun*

Gemeinsam lernen mit Spaß und ohne Verspannung

– außer vielleicht, dass er ihm die Schuld zuweist. Die Einheit findet man aber nur über das Lachen, das gemeinsame Lernen mit Spaß und ohne Verspannung. Man muss immer offen bleiben für das, was einem der andere beibringen kann, auch wenn man gerade denkt, dass man selbst der Lehrende ist. Dann macht es Spaß. Das gilt für Reiter und Pferd gleichermaßen.

Cathrin hat den Spaß ernst genommen und richtet sich nun viel mehr nach Wetlocks Wünschen.

Der 14-jährige Wallach Wetlock hat zusammen mit seiner Besitzerin den Ehrgeiz, sich mit anderen Paaren auf Dressurturnieren bis zur Klasse S zu messen.

Leider haben die beiden oft die Rückmeldung bekommen, dass es dem großen Fuchs an Ausstrahlung fehle. Gemeinsam mit Wetlock haben wir nach der Ursache dafür gesucht. Unter anderem meinte er selbst dazu:

Ja, ich bin ein gutes Dressurpferd. Doch es ist viel Technik und wenig Herz … Lass uns mehr zusammenarbeiten. Gemeinsam reiten. Wir brauchen mehr Fühlen, weniger Technik. Inhaltlich sind wir dicke weit genug dazu …

Ich habe sie sehr lieb. Und ich freue mich darauf, demnächst diese Liebe in Reiten umzusetzen. Wenn sie sich davon überfordert fühlt, soll sie dich fragen. Hauptsächlich fehlt uns das Lachen beim Reiten. Mehr Spaß, weniger Arbeit. Ist alles so ernsthaft … Meiner Meinung nach müssen wir eher an unserer Arbeitsatmosphäre arbeiten als an meinem Körper. Setz dir mal eine rote Clownsnase auf, und hab richtig Spaß mit mir. Dann geht es wesentlich besser. Wirst sehen.

Inzwischen zahlt sich die neu gewonnene entspannte innere Haltung der beiden auch bei den Turniererfolgen aus – sie haben bereits einige hohe Platzierungen erritten.

Probleme sind Lösungen in Arbeitskleidung

Oft genug habe ich erlebt, dass den Pferden auf lange Sicht geholfen werden kann, ihr seelisches Gleichgewicht wiederzufinden und sich von alten Verhaltensweisen weitestgehend zu lösen.

Lernen und Üben im Sinne der Pferde

Eigenverantwortung und Motivation beim Pferd

Vom Denken zum Fühlen – Die Integration einer Bewegung ins Körpergefühl

Da es sich bei der Integration einer Bewegung ins Körpergefühl um eine notwendige und wichtige Phase für jede Art der Bewegung handelt, möchte ich dieses Thema auf das Pferd bezogen noch einmal eingehender aufgreifen, auch wenn wir uns im Kapitel über den Reitersitz (ab Seite 67) schon ein wenig damit beschäftigt haben.

Am Beispiel der Seitengänge wird es den meisten Reitern am deutlichsten, und weil die Seitengänge auch den Pferden so wichtig sind, möchte ich die Phase an diesem Beispiel erläutern:

Sie haben mit Ihrem Pferd intensiv die Seitengänge (oder einen Teil davon) geübt und prinzipiell das Gefühl, Ihr Pferd hat es verstanden. Nun beginnt Ihr fleißiges Ross wahrscheinlich damit, aus jeder Ecke heraus, in jeder Kurve, Wendung, Diagonale und überhaupt immer in dieser oder jener Form die Beine zu kreuzen.

Ich nenne das die »Phase der Integration«. Diese kommt nach der Antizipation einer Bewegung. Nun bedeutet das Wort Antizipation ja eigentlich lediglich »Vorwegnahme«. Doch ich ziehe die psychomotorische Interpretation vor. Meiner Ansicht nach macht das Pferd in der Antizipationsphase nichts anderes, als wir auch machen würden, um uns einen Bewegungsablauf anzueignen: Es nimmt gedanklich (Schritt für Schritt) die notwendigen Bewegungen vorweg – manchmal stockend und mit deutlich rauchendem Kopf – und setzt sie in die Praxis um.

Dies ist die Zeit, in der Sie als Reiter noch viel unterstützen müssen.

Aktuell ist Ihr motiviertes Pferd allerdings bereits einen Schritt weiter. Bildlich gesprochen hat es nun verstanden (vom Kopf/**Verstand** her) und versucht zu **begreifen** (mit dem Körper). Ein bisschen fachlicher ausgedrückt: Ihr Pferd hat bereits ein Bewegungs**schema** im Kopf. Dieses setzt es nun durch ständige Wiederholung in ein Bewegungs**muster** um, damit es dieses wiederum in sein Bewegungs**gefühl** integrieren kann.

Das klingt erst einmal sehr kompliziert, ist jedoch im Bewegungslernen ein völlig normaler und notwendiger Vorgang. Im Volksmund würde man sagen: »Übung macht den Meister.«

Was bedeutet das nun für den Reiter? Zuerst einmal wieder die dankbare Annahme des vorauseilenden Gehorsams. Im nächsten Schritt können Sie dann durch das bereits beschriebene reaktive Reiten nach und nach die Unterstützung, die das Pferd für die Übung benötigt, verringern. Das heißt, wir haben wieder einmal die Chance bekommen, unsere Hilfengebung erstens zu festigen und zweitens immer weiter zu verfeinern. Das ist ein sehr angenehmer Effekt. Vor allem, wenn das Pferd (eventuell durch einen Helfer am Boden) die Übung schneller gelernt hat als der Reiter.

Doch zugegeben: Manchmal benötigt das Pferd eine längere Integrationsphase als der Reiter. Es gibt tatsächlich manchmal Phasen, in denen das Pferd fast gar nicht mehr geradeaus geht, sondern ständig ein Schenkelweichen oder Schulterherein ausführt. Es nervt irgendwann, sich nur noch seitwärts durch die Bahn zu bewegen.

Hier ist es ganz Ihnen und Ihrer Geduld überlassen, wie viel Zeit Sie Ihrem tierischen Partner einräumen, bis Sie mal wieder geradeaus reiten möchten.

Selbstverständlich macht aber auch hier wieder der Ton die Musik: Es ist an diesem Punkt einmal mehr wichtig, dass Sie Ihrem Pferd Ihre Wertschätzung und Dankbarkeit vermitteln und sanft und freundlich andere Übungsvorschläge machen. Beenden Sie seinen Eifer abrupt und ruppig, werden Sie das Pferd wahrscheinlich demotivieren. Beim nächsten Mal könnte es dann sein, dass es eben nicht mehr so ehrgeizig selbst die Verantwortung für seinen Lernfortschritt übernimmt.

Das Pferdefragezeichen

Eine oft missverstandene Verhaltensweise von Pferden ist das Rückwärtsgehen aus Ratlosigkeit. Viele Pferde reagieren so auf etwas, was sie nicht verstehen. Ich nenne es immer das »Pferdefragezeichen«. Blickt man dem Pferd dabei ins Gesicht, sieht man über den Augen meist »Sorgenfalten«: Es möchte gerne das Richtige tun, hat aber nicht die geringste Ahnung, was »richtig« ist. Sofern das Tier lediglich verwirrt ist, erfolgt die oben erwähnte Reaktion. Kommt aufgrund negativer Erfahrungen oder einer angespannten Arbeitsatmosphäre noch Angst hinzu, kann es sogar geschehen, dass das Pferd die Flucht nach vorn antritt.

Ich habe einmal mit einer Stute gearbeitet, die nach Aussage ihres Besitzers in ihrer Jugend – bevor sie zu ihm kam – gebarrt worden war. Das bedeutet, ihr wurde, während sie sich im Sprung über einem Hindernis befand, die Sprungstange von unten gegen die Beine geschlagen, damit sie beim nächsten Mal noch höher sprang. Diese Stute hatte aus nachvollziehbaren Gründen eine teils eingeschränkte Wahrnehmung ihrer Beine. Um ihr wieder ein Gespür dafür zu geben, übten wir unter anderem mit auf dem Boden liegenden Stangen. Solange sie nur schnell darübergehen sollte, war sie – mit angehaltenem Atem – durchaus bereit, dies zu tun. Schwierig wurde es bei Übungen, bei denen sie mit einer Stange unter ihrem Körper (z. B. mit dem einen Vorderbein davor und dem anderen dahinter) stehend ausharren sollte. Zum einen verstand sie nicht, was wir wollten, schließlich sollte sie früher solche Stangen immer schnellst- und höchstmöglich überwinden. Zum anderen hatte sie verständlicherweise einfach Angst, wenn sie dieses gefährliche Ding unter sich wusste, wo sie es nicht sehen konnte. Also trat die Stute die Flucht nach vorn an und überrollte uns schlichtweg, um diese Situation nicht mehr aushalten zu müssen. Ich muss nicht betonen, dass der Besitzer und ich natürlich weder versuchten, das Pferd mit Gewalt zu halten, noch, es zu bestrafen. Im Gegenteil: Wir versuchten, die Übung schon vor der Flucht mit großem Lob zu beenden. Die Stute durfte immer gehen, wenn ihre Grenze erreicht war. Nach und nach fasste sie schließlich mehr Vertrauen.

Frage an den Profi

Sag mal, Tasso, warum gehen Pferde eigentlich so oft rückwärts, wenn sie etwas nicht verstehen oder verwirrt sind?

Dafür gibt es eine ganz einfache Erklärung. Wir wollen zurück zum Ausgangspunkt. Im übertragenen Sinne. Noch einmal ganz von vorn anfangen und verstehen. Außerdem versuchen wir bei der Bodenarbeit, damit einen Blick in eure Augen zu erhaschen. Sozusagen, um es euch von den Augen abzulesen. Das hilft zwar nicht, weil das Bild in eurem Kopf dann meistens zu wirr ist. Aber man kann einschätzen, in welcher Stimmung ihr euch befindet, ob gleich eine Strafe kommt und wir uns ducken müssen, oder ob ihr freundlich und geduldig bleibt. Meist ist das Rückwärtsgehen auf keinen Fall böse gemeint, dessen sei gewiss.

Ich weiß, du hast in deinem Leben leider viele strafende Menschen erlebt … Was hilft euch in so einer Situation?

Eine neue Erklärung, eine andere Erklärung, ein wenig Geduld, Kopf senken und nachdenken oder eine völlig andere Herangehensweise an die Übung.

Danke, Tasso. Gibt es dazu noch etwas zu sagen?

Nur, dass das eine Verhaltensweise ist, die sich ruhig auch manche Menschen abgucken könnten. Statt sich in irgendetwas zu verrennen oder sich in etwas festzubeißen und zu verkrampfen, lieber mal zurück zum Anfang gehen. Und von dort aus verstehen und erkennen, wo vielleicht ein Fehler lag. Nur so kann man aus Fehlern lernen. Das alte Thema.

Vielen Dank, mein Alter. Ich werde es beherzigen.

Sie auch?

Manche Pferde kann man reiten, andere eher denken oder atmen – Energetische Aspekte

Zugegeben, diese Überschrift ist ein bisschen provokativ. Natürlich ist es für jedes Pferd grundsätzlich wichtig, dass es sich gewisse körperliche Fähigkeiten aneignet, um einen Reiter zu tragen. Das bedeutet für uns Menschen, dass wir lernen, lockere, möglichst unverkrampfte Hilfen zu geben. **Hilfen**, die dem Pferd in der körperlichen Interaktion mit uns auch **helfen** – und es nicht behindern oder unter Druck setzen.

Dafür scheint es mir an dieser Stelle noch einmal sinnvoll, auf einige mir bekannte Kanäle einzugehen, über die das Pferd Impulse von uns empfängt.

Mentale Verbindungen

Als ich vor vielen Jahren noch im Leistungssport Voltigieren aktiv war, habe ich diverse Trainingslager und Lehrgänge mitgemacht. Einiges von dem, was ich dort mitbekommen habe, benötige ich heute nicht mehr. Doch ein Kurs ist mir bis heute unersetzlich. Dabei ging es um mentales Training.

Um sichtbar zu machen, dass unser Gehirn bereits bei dem Gedanken an eine Bewegung minimale Impulse an die betreffenden Muskeln aussendet, hat der damalige Kursleiter uns ein Experiment machen lassen, das ich mit meinen Schülern auch heute noch gerne wiederhole:

Setzen Sie sich an einen Tisch, sodass Sie bequem einen Ellenbogen aufstellen können. In Ihrer Hand halten Sie locker eine dünne Schnur, an deren Ende ein kleines Gewicht (ein Ring oder Ähnliches) so befestigt ist, dass es dicht über der Tischplatte frei schwingen kann. Als Ausgangsposition bewegen Sie die Hand mit der Schnur nicht und bringen Ihr kleines Gewicht so zur Ruhe.

Dann stellen Sie sich vor, dass das Gewicht vor- und zurückschwingt. Sie können gerne mit Ihren Augen den Weg vorzeichnen, den Ihr selbst gebautes »Pendel« zurücklegen soll. Doch Ihre Hand versuchen Sie bitte locker zu lassen. Sie denken lediglich die Bewegung, die das Gewicht ausführen soll. Mehr nicht!

Haben Sie das Gefühl, es klappt ganz gut, verändern Sie gedanklich die Richtung: Lassen Sie Ihr Gewicht von rechts nach links, diagonal oder im Kreis schwingen. Experimentieren Sie, und haben Sie ruhig ein bisschen Spaß dabei.

Wie kommt es nun dazu? Zuerst möchte ich betonen, dass unser kleines Experiment nichts mit dem Pendeln aus dem spirituellen Bereich

Die Hand bleibt ganz still. Der aufgestellte Ellenbogen verhindert ungewollte Bewegungen.

zu tun hat. Dort geht es um weit tiefere Ebenen, als ich Ihnen mit unserem Versuch verdeutlichen kann und möchte.

In unserem Versuch erleben wir den sogenannten Carpenter-Effekt. Vereinfacht gesagt bedeutet dies, dass bereits die Vorstellung einer Bewegung oder deren Wahrnehmung unser Gehirn zum Mitvollzug der Bewegung anregt (Ideorealgesetz). Dieser Mitvollzug äußert sich durch minimale Muskelimpulse, die durch die Schnur auf das Gewicht übertragen und dadurch sichtbar gemacht werden.

Mir geht es an dieser Stelle vor allem darum, Ihnen die Sensibilität der Pferde zu veranschaulichen. Diese minimalen Bewegungsimpulse, die Sie gerade durch Ihren selbstgebauten »Verstärker« sichtbar gemacht haben, spüren die Tiere bei uns ständig.

Pferde sind in der Lage, Bewegungen von 0,4 mm wahrzunehmen. Das heißt, sie spüren es bereits, wenn wir an eine Bewegung denken – ganz egal, ob wir auch vorhaben, diese wirklich auszuführen. Dazu gehören nicht nur sogenannte willkürliche Bewegungen wie beispielsweise die Hilfen, die wir geben möchten, sondern ebenso unwillkürliche Bewegungen wie Verspannungen, Bewegungen, die Gedanken bei uns auslösen (z. B. »bestimmt scheut mein Pferd gleich«, oder »danach üben wir das Halten«) und Ähnliches.

Hinzu kommt, dass die Tiere – wie ich aus der Tierkommunikation erfahren habe – so etwas wie eine telepathische Standleitung zu unseren Gedanken und inneren Bildern haben.

Sie können sich sicher vorstellen, dass diese Art des Einblicks in uns Menschen – bei unsererseits klaren Ideen, Verhaltensweisen, Bewegungsvorstellungen, gelassener innerer Haltung und einer Präsenz im Hier und Jetzt (so, wie es bei den Pferden ja auch ist) Harmonie und Verständnis zwischen Mensch und Pferd bewirken können. Eben die von uns allen so sehnsüchtig angestrebte Einheit.

Leider sind genau dies alles Bereiche, mit denen wir Menschen oft genug unsere Schwierigkeiten haben – im Gegensatz zu den Pferden, die mehr oder minder in genau so einer Welt leben.

Können Sie sich die Verwirrung der Pferde vorstellen, wenn sie auf uns treffen? Wir sind in Gedanken gerne mal ganz woanders, haben unklare Vorstellungen von dem, was wir tun und lassen wollen, sind mal gedanklich noch im Job oder schon beim nächsten Ärger zu Hause, erinnern uns daran, wie unser Pferd das letzte Mal erschrocken ist, als wir um genau diese Ecke gebogen sind etc. Wie soll dieses arme Wesen denn unterscheiden, was jetzt nun eigentlich genau in uns vorgeht und was wir von ihm erwarten? Welche dieser tausend Gedanken und Bilder gerade wichtig sind und welche nicht?

Atmung

Mit all diesem Impulswirrwarr, der auf unser Pferd einstürzt, geht noch eine weitere unwillkürliche lebenswichtige Bewegung einher: die **Atmung**.

Da Sie Tassos Ausführungen über die Bedeutung derselben bereits im Kapitel über den Sitz (ab Seite 67) gelesen haben, werde ich hier nicht mehr ausführlich darauf eingehen. Wir sollten uns lediglich noch einmal bewusst machen, wie wichtig dieser Bereich zum einen natürlich rein vital und zum anderen eben auch für unser Pferd als Fluchttier ist. Dieses setzt die Atmung eben nicht nur zur Energiefreisetzung und -gewinnung für den Körper ein, sondern auch als eine Facette der Körpersprache – eine Facette mit erheblicher Signalwirkung.

Schlussfolgerung

Für mich hat sich im Laufe meiner Arbeit herauskristallisiert, dass es in Bezug auf das Reiten drei Arten von Pferden gibt: Pferde, die man reitet, solche, die man denkt, und wieder andere, die man vornehmlich atmet.

Selbstverständlich mischen sich bei allen Pferden diese drei Bereiche. Auch können sich Vorlieben mit fortschreitendem Ausbildungsstand oder schlicht einer anderen Kombination von Pferd und Reiter verändern. Doch der Schwerpunkt verschiebt sich stets in eine der drei Richtungen. Grob kann man davon ausgehen:

Pferde, die **geritten** werden wollen, wünschen sich vom Reiter eine deutliche körperliche Hilfengebung. Sie möchten klare Impulse und werden leicht unsicher, abwartend oder auch gleichgültig, wenn der Reiter seine körperliche Unterstützung zu sachte gibt. Zum Lernen sind für den ungeübten Reiter solche Pferde erst einmal angenehmer, weil er anfänglich nicht so sehr in die Feinheiten gehen muss. Er kann sich quasi von außen nach innen vortasten. Das bedeutet nicht, dass solche Pferde unsensibel sind. Sie sind lediglich offen für klare taktile Reize – und damit gute Lehrer für eben genau diesen Bereich.

Pferde, die vermehrt mental geritten – also **gedacht** – werden wollen, reagieren meist auf sehr geringe körperliche Reize. Oftmals sind ihnen deutliche Hilfen über Körper und Zügel sogar so unangenehm, dass sie beginnen, sich zu wehren. Solche Pferde wünschen sich von ihrem Reiter, dass dieser für sich selbst bereits ein deutliches Körpergefühl entwickelt und somit eine klare Vorstellung davon hat, wie er sich selbst bewegen muss, um ihnen zu helfen. Dies alles, zusammen mit einem klaren Bild der Übung und der Richtung, in die sie sich bewegen sollen, genügt den Pferden meist schon. Mehr ist oft zu viel und überreizt sie so stark, dass sie sich wehren müssen (Ideorealgesetz).

Schließlich gibt es noch die Pferde, die **geatmet** werden möchten. Für solche Tiere ist die Atmosphäre immens wichtig. Diese soll entspannt sein, damit sie sich dem Reiter anvertrauen können. Der Mensch soll als gutes »Führpferd« in der Lage sein, sich selbst und sein Pferd mit Energie und Sauerstoff zu versorgen. Er bleibt entspannt in seiner Mitte, verkrampft sich nicht (indem er die Luft anhält) und gibt seinem Pferd somit die Sicherheit, die es benötigt.

Übrigens: Pferde, die häufig scheuen, neigen dazu, die Luft anzuhalten. Für diese Pferde ist es eine Wohltat, sich einem Reiter, der für sie atmet (sie laut Tasso in die Atemblase einschließt), anvertrauen zu können. Ebenso werden sie innerhalb versammelnder Übungen dankbar die Energie aufnehmen, die der Reiter sich selbst und dem Pferd zur Verfügung stellt.

Die innere Reinigung

Egal für welche Techniken Sie sich entscheiden: Ihr Pferd wird für Sie arbeiten. Je lieber es Sie hat, desto mehr.

Die meisten Reiter kennen sicher auch diesen Effekt: Man kommt gestresst oder mit Sorgen zum Pferd, und in der Zeit mit dem Pferd fällt der Stress oft von einem ab und die Sorgen sind erst viel später wieder da. Doch die wenigsten Menschen machen sich Gedanken, wo und bei wem die Sorgen wohl bleiben?

Daher halte ich es für sehr wichtig, dem Pferd nach dem gemeinsamen Training zu helfen, unseren »Müll« wieder loszuwerden. Meiner Meinung nach genügt an dieser Stelle unsere bloße Dankbarkeit nicht.

Eine einfache Methode ist es, sich nach dem Reiten (beim Putzen oder Füttern) vorzustellen, man hält eine Dusche über das Pferd, bei der alles von ihm abgespült wird. Im Sommer können Sie Ihr Pferd auch tatsächlich duschen. Oder Sie nehmen eine Bürste und stellen sich dabei vor, Sie bürsten all den unsichtbaren energetischen Schmutz vom Pferd. Selbst wenn es befremdlich klingt: Toll ist es auch, wenn das Pferd nach der Arbeit pinkelt oder äpfelt, denn damit reinigt es sich von innen. Gute Reittherapeuten sind immer sehr froh, wenn ihre tierischen Kollegen am Ende einer Einheit diese Methode der Selbstreinigung anwenden. Denn gerade Therapie- oder Schulpferde haben natürlich besonders viel zu schlucken.

Alles, was von uns oder unserem Pferd an schlechter Energie hinuntergeschluckt wird, macht irgendwann krank. Egal wie Sie es tun: Auf energetischer Ebene wird Ihr Pferd Ihnen dieses Zeichen Ihrer Wertschätzung seiner Arbeit mit Ihnen sicher danken.

Wertschätzung und Dankbarkeit, aber auch die Reinigung auf energetischer Ebene und Psychohygiene (z. B. eine artgerechte Haltung) sind für das Pferd ebenso wichtig wie technische Fähigkeiten des Reiters.

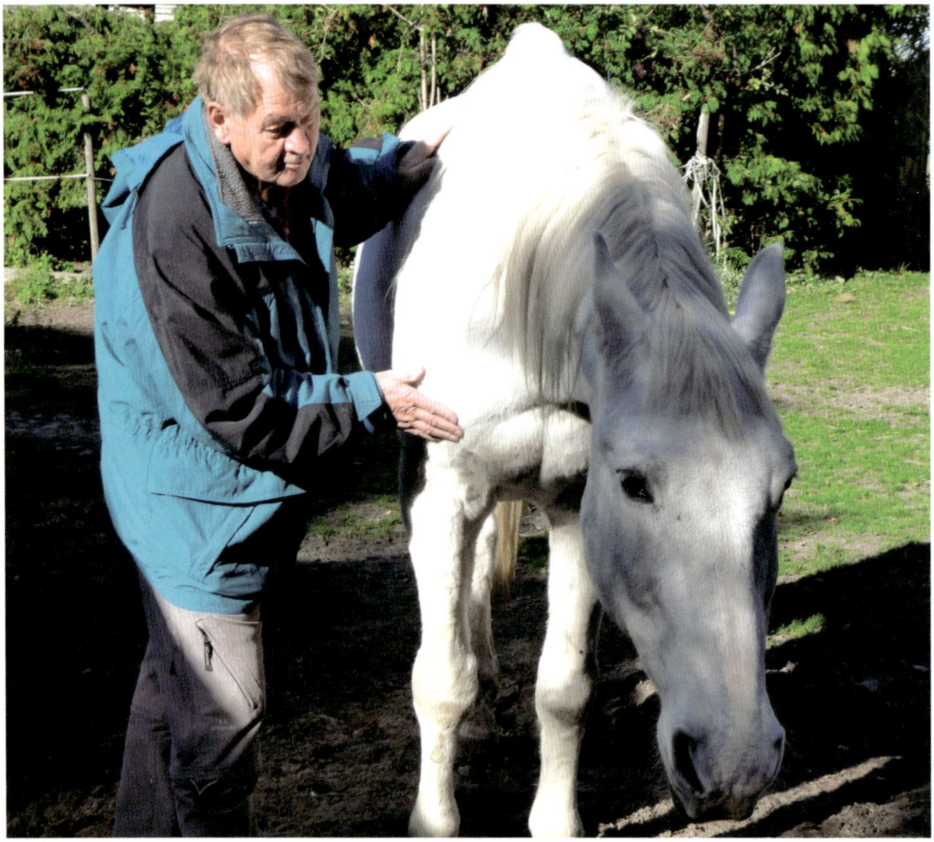

Eine gute Methode ist es auch, das Pferd mit den Händen abzustreifen und sich vorzustellen, dabei negative Energien zu entfernen.

»Problempferde« – Pferdeprobleme

Verhalten hat einen Grund

Lassen Sie mich Ihnen als Beispiel eine leider wahre Geschichte erzählen, die stellvertretend für viele andere stehen kann.

Es geht um eine Familie, die Tiere anscheinend schlicht dazu benutzt, ihre eigenen Bedürfnisse zu befriedigen. Für den kleinen Sohn dieser Familie wurde eines Sommers ein Pony angeschafft und allein auf eine Wiese hinter das Haus gestellt.

Als der kleine Wallach ankam, war er für alles und jeden offen. Ein Ponykumpel mit freundlichem Wesen, großer Intelligenz und sogar sehr schönen Gängen. Er nahm Kontakt zu den Pferden auf einer angrenzenden Koppel auf und auch zu allen Menschen, die in seine Nähe kamen. Als am Zaun einmal ein drei- oder vierjähriges Mädchen stand und »Pferdchen, Pferdchen« rief, kam er von ganz hinten mit gespitzten Ohren zu ihr getrabt, um sie zu begrüßen. Das war zu Beginn seiner Karriere.

Ansonsten stand er dort allein auf seiner Wiese und hatte sich bereitzuhalten, falls die Menschen etwas von ihm wollten. Es wurde nicht mit ihm geübt. Nur manchmal setzte ein Erwachsener den Jungen auf das Pony und zerrte die beiden über die Wiese. An anderen Tagen jagte ihn wiederum der große Sohn mit dem Rasentraktor. Ab und an besuchte der kleine Junge mit seinem Freund das Pony. Es ist nicht genau bekannt, was die beiden dort (unbeaufsichtigt natürlich) taten. Doch auf irgendeine Art scheinen sie das Pferdchen geärgert zu haben. Vielleicht langweilte es sich auch nur maßlos.

Auf jeden Fall begann es nach etwa vier Wochen, die Jungen (und übrigens auch die beiden Hunde der Familie) mit angelegten Ohren im Galopp zu jagen, bis sie unter dem Zaun hindurch von der Koppel hechteten. Kein Wunder, dass die Kinder fortan kein Interesse mehr an dem Pony hatten und es noch seltener besuchten, als sie es ohnehin schon getan hatten.

Von Erwachsenen begleitet, lernen Kinder den achtungsvollen Umgang mit dem Familienmitglied Pferd.

Nach knapp sechs Wochen begann der kleine Schlauberger, mit der Unterseite seines Halses systematisch eine Stelle am Zaun zum Nachbargrundstück hinunterzudrücken. Die Frau, der die dort stehenden Pferde gehörten, war der Meinung, er kratze sich daran, und dachte sich nichts weiter dabei.

Nach zwei Tagen hatte er es geschafft und übersprang den Zaun – nicht etwa zufällig, sondern mehrfach und gezielt (auch wenn seine Besitzer ihn wieder zurück auf seine Wiese brachten). Der Kommentar des Familienvaters war: »Der will lieber bei euch sein.« Sollte die Frau lügen? Sie antwortete: »Das weiß ich«, und hielt ihre Pferde fest, damit der Herdenchef den kleinen Eindringling nicht angriff und der Mann und das Pony unbehelligt das Grundstück verlassen konnten.

Am folgenden Tag wurde das Pony einer Freundin für verhältnismäßig viel Geld als »Kinderpony« für ihre vierjährige Tochter angeboten. Als diese Freundin ablehnte, war der kleine Kerl nach einem weiteren Tag verschwunden.

Schließlich hatte er nicht so funktioniert, wie es von ihm erwartet wurde, und begann, Arbeit zu machen. Vermutlich wäre er schon schneller wieder weg gewesen, wenn er aufgrund der zu fetten Wiese eine Hufrehe bekommen hätte und dadurch Kosten entstanden wären.

Ich möchte mich an dieser Stelle nicht über die Themen Verantwortung und Pädagogik auslassen. Hier geht es mir lediglich darum, dass ein von einem Pferd entwickeltes Verhalten diesem in seiner jeweiligen Lebenssituation durchaus sinnvoll erscheint. Das besagte Pony musste sich gegen die beiden unbeaufsichtigten Jungen wehren und wollte aus seiner trostlosen Lebensweise ausbrechen. Ich hoffe, dort, wo der Wallach jetzt ist, geht es ihm besser.

Ach ja: Der Junge hat an dem Tag, nach dem das Pony abgeschafft worden war, ein kleines Quad bekommen, mit dem er seitdem lautstark (und natürlich wieder unbeaufsichtigt) über dieselbe Wiese fährt.

Pferde sind auch nur Menschen – Training und Therapie bei unerwünschtem Verhalten

Das Ergebnis eines guten Pferdetrainings sollte mit einer erfolgreichen Psychotherapie beim Menschen vergleichbar sein.

Wir alle stellen Verhaltensmuster an uns fest, die manchmal lediglich wie Marotten wirken, doch zum Teil sogar sehr auffällig, störend oder pathologisch sind. Diese Muster sind oder vielmehr waren ursprünglich nichts anderes als Bewältigungsstrategien, die uns in bestimmten Lebenssituationen (bei uns Menschen oft in der Kindheit) einmal gute Dienste geleistet haben: Sie haben die seelische/

Lange Zeit wollte Tasso trotz körperlicher Alterserscheinungen noch nicht »in Rente gehen«. Also durfte er seinen vielen Fähigkeiten entsprechend weiter Reitlehrer sein.

psychische Gesundheit geschützt. In extremen Fällen waren es vielleicht sogar Überlebensstrategien, die das Individuum vor dem psychischen oder auch physischen Zusammenbruch bewahrt haben.

Am Ende einer Therapie jedenfalls steht, vereinfacht formuliert, diese frühen Muster in dankbarer Annahme zu akzeptieren und sich von ihnen zu verabschieden: »Vielen Dank, liebe Überlebensstrategie. Es war gut, dass du mir damals geholfen hast. Doch jetzt bin ich erwachsen und/oder in einer anderen Lebenssituation und benötige dich nicht mehr.«

Auch mit Pferden kann man auf diese Art und Weise arbeiten. Vielleicht klappt es nicht so bewusst wie mit einem erwachsenen Menschen. Doch im praktischen Bereich (dem Training) ist es auf der emotionalen Ebene an vielen Punkten sicherlich möglich, das Pferd mit seiner Vergangenheit auszusöhnen. Bestimmt werden aber kleine Marotten zurückbleiben. Und ganz bestimmt werden noch ab und an kleine Rückschritte auftauchen.[1]

1 In »Erfahrungen und Erkenntnisse« (ab Seite 134) werde ich unter anderem über das Zeitempfinden von Pferden berichten.

Bestimmte Auslöser, »Trigger« genannt, können, sowohl seelisch als auch emotional und körperlich im Verhalten manifestiert, ein Tier völlig aus dem Hier und Jetzt sowie aus der Trennung von Ich und Du katapultieren.

Doch im Großen und Ganzen habe ich oft genug erlebt, dass den Pferden auf lange Sicht geholfen werden kann, ihr seelisches Gleichgewicht wiederzufinden und sich von alten Verhaltensweisen weitestgehend zu lösen.

Die Marotten des anderen akzeptieren

Manchmal gehört es allerdings, finde ich, aber einfach dazu, die Eigenheiten des tierischen Partners zu akzeptieren.

Ich weiß nicht, wie es Ihnen geht – ich jedenfalls habe mich schließlich aufgrund ihrer Persönlichkeit in meine Pferde verliebt.

Ein Pferd kann man in jungen Jahren **erziehen**, doch es besteht ein großer Unterschied zu dem Versuch, die **Persönlichkeit** des Pferdes zu **formen**. Wer mit älteren Pferden zusammenlebt, weiß, dass man sich in vielerlei Hinsicht arrangiert hat.

Wieder ein Beispiel aus Tassos Erfahrungen: Mein großer weiser Profi hatte in seinem Leben schon mit vielen Menschen zu tun, auf die er mit Sicherheit keine Lust hatte. Da er, bevor er zu mir kam, in der Box gestanden hatte, konnte er sich diesen Menschen – trotz Drohgebärden und Abwehrverhalten – nicht entziehen.

Nachdem er zu mir gekommen war und im Offenstall lebte, tat er es irgendwann doch: Er setzte ganz deutliche Zeichen, mit wem er etwas zu tun haben wollte und mit wem nicht.

Beispielsweise arbeitete er noch eine Zeitlang im Heilpädagogischen Reiten. Irgendwann nahmen seine eigenen psychischen Probleme (die er zum damaligen Zeitpunkt noch nicht bearbeiten konnte) aber so sehr überhand, dass er sich der Arbeit mit den Kindern nicht mehr gewachsen fühlte. Das zeigte er schließlich deutlich, indem er einem Zivildienstleistenden (jedoch nie den Kindern oder Klienten) im damaligen Stall mit gefletschten Zähnen fürchterlich drohte und Scheinangriffe startete, wenn dieser ihn von der Koppel holen sollte.

Schließlich machte ich mit der Reittherapeutin die Probe aufs Exempel: Wir gingen zusammen auf die Koppel. Sie ging mit dem Halfter auf Tasso zu. Er legte die Ohren an und ging weg. Daraufhin übergab sie mir vor seinen Augen das Halfter. Tasso klappte die Ohren nach vorne und steckte die Nase ins Halfter. Das war unmissverständlich!

Dann zogen wir aufs Land, und Tasso sollte (damals 19 Jahre alt) in Rente gehen dürfen. **Dazu** hatte er allerdings auch noch keine Lust: Nachdem er sich im neuen Zuhause eingelebt hatte, begann er wieder, in den unterschiedlichsten Situationen den anderen Pferden und auch den Menschen gegenüber aggressiv zu reagieren. Er langweilte sich, wollte wieder eine Aufgabe.

Wir fanden heraus, dass es bei ihm zwei Zauberworte gab: »Satt« und »Arbeit«. War beides für Tasso im Einklang, entspannte er sich zusehends.

Also durfte er wieder mitmachen und Menschen das Reiten beibringen. Voraussetzung war allerdings immer, dass ich ihn mindestens die ersten vier bis fünf Mal zusammen mit einem Schüler von der Koppel holte, bis er dem fremden Menschen so weit vertraute, dass er ihm auch ohne mich folgte.

Trotzdem gab es immer mal Tage, an denen er wegging, wenn wir mit dem Halfter kamen – selbst wenn ich dabei war. An diesen Tagen musste der Reitschüler flexibel sein und sich auf ein anderes Pferd einstellen, das gerade mehr Lust hatte. Es gab aber ohnehin immer jemanden, der beleidigt war, wenn »jedes Mal« nur der Große mitspielen durfte. Ein solch spontaner Pferdewechsel war für die Reiter nie ein Problem, weil sie in der Regel zu mir kamen, weil sie gerne mit Pferden üben wollten, die **freiwillig** mitarbeiteten. Kam zu einem großen Menschen ein kleines Pony, wurde eben Bodenarbeit gemacht. Bei mir wurde und wird wirklich **niemand** zu etwas gezwungen.

Im letzten Jahr alterte Tasso doch merklich. Da ich nun schon seit einigen Jahren mit meinen Pferden telepathisch in Verbindung stehe, war es nicht mehr nötig, dass er auf seine frühere Art auf seine Bedürfnisse aufmerksam machte. Er sagte mir einfach, dass er seine Aufgaben nunmehr »im geistigen Bereich« sähe.

Körperlich kann er nicht mehr so viel leisten, doch wie Sie an seinen Beiträgen in diesem Buch sehen, ist er noch immer ein wichtiger Teil in meinem Leben.

Doch die Macke mit dem Einfangen wird er wohl nicht mehr ablegen. Sei es für Huforthopädie, Tierarzt oder sogar den Auf-die-fette-Weide-Bring-Service während meiner Schwangerschaft: Ich muss dabei sein! Allein hat niemand eine Chance, ihn auf der großen Koppel einzufangen. So ist er halt. Das gehört zu ihm.

Ein paar weitverbreitete Pferdemärchen

Meiner Meinung nach sollten sogenannte Widersetzlichkeiten eines Pferdes nicht als intolerables Verhalten gesehen werden, sondern als berechtigter Versuch des Tieres, seine Grenzen zu wahren.

Ein unkonventioneller Blick auf konventionelle Lehrmeinungen

»Lass das Pferd deine Angst nicht spüren!«

Schon lange bevor ich meine telepathischen Fähigkeiten entdeckte, hatte ich gelernt, dass Tiere es riechen können, wenn wir Angst haben. Wir dünsten dann den Geruch von Buttersäure aus. Zusätzlich zu diesem Phänomen erhöht sich auf unangenehme Art unser Muskeltonus, weil wir – wie wir vorhin bereits von Tasso erfahren haben – dazu neigen, die Luft anzuhalten. Dies sind Signale, die unserem Pferd natürlich nicht verborgen bleiben.

Heute weiß ich, wie bereits erwähnt, durch meine Arbeit als Tierkommunikatorin auch, dass unsere Tiere so etwas wie eine Standleitung zu unserem Kopf aufbauen – egal ob wir das wollen oder nicht.

Ergo gibt es eigentlich nichts Sinnloseres als diesen Rat: »Lass das Pferd deine Angst nicht spüren.« Wir können einem Pferd nichts vormachen, insbesondere nicht bezüglich unserer Angst, wo immer sie auch herrühren mag.

Angst ist eine sehr gesunde Überlebensstrategie. Niemand weiß das besser als das Fluchttier Pferd. Wir Menschen sollten daher im Umgang mit dem Pferd (und natürlich auch im restlichen Leben) besser die Ursache unserer Angst beseitigen. Wir können entsprechende Fähigkeiten einüben und dadurch Selbstbewusstsein und Selbstsicherheit aufbauen.

Alles andere ist eine Lüge, die unser Pferd **sofort** als solche durchschaut.

Versuchen wir, unsere Angst zu überspielen, versteht es wahrscheinlich nicht, warum wir uns nicht adäquat zu unserem Befinden verhalten. Wahrscheinlich passt unser Verhalten nicht zur Situation (vielleicht halten wir beispielsweise die Zügel viel zu straff). Damit verunsichern wir unser Pferd noch zusätzlich. Es bekommt vielleicht ebenfalls Angst, wird wütend oder Ähnliches.

Was aber tun mit der Angst? Generell sollten wir beachten, dass Pferde unterschiedlich mit unserer menschlichen Angst umgehen:

Typ 1:
Das Pferd wird durch die Angst des Menschen ebenfalls ängstlich oder unsicher.

Typ 2:
Das Pferd nutzt, sofern es nicht an einer Zusammenarbeit mit diesem Menschen interessiert ist, die Gelegenheit, die eigenen Interessen zu verfolgen.

Typ 3:
Das Pferd übernimmt für das Paar die Verantwortung und auch die Führung.

Zunächst einmal: Es ist völlig in Ordnung, zu seiner Angst oder Unsicherheit zu stehen. Es ist, finde ich, sogar ehrlicher, sich einzugestehen, dass man einem großen starken Tier gegenübersteht, das einem an Kraft und Masse weit überlegen ist, als sich einzureden, man könne eben jenen Koloss kontrollieren und beherrschen. Dies ist der erste Schritt.

Im zweiten Schritt heißt es, entsprechende Maßnahmen zu ergreifen. Sollten Sie schon ein wenig Erfahrung mit Pferden haben, genügt es vielleicht, einige Sicherheitsmaßnahmen anzuwenden, die ich bereits am Anfang im Kapitel »Sicherheit als Vertrauensgrundlage« (ab Seite 31) erwähnt habe.

Je nachdem, mit welchem Pferdetyp Sie es zu tun haben, gibt es eine oder mehrere Strategien, der eigenen Angst zu begegnen:

Typ 1:

- Entschärfen Sie die Situation. Steigen Sie beispielsweise ab, oder lassen Sie sich führen, bis zumindest Sie selbst die Situation nicht mehr als bedrohlich empfinden.

- Gehen Sie (auch ohne Lösung) aus dieser Situation hinaus. Üben Sie selbst diese Situation vorerst mit einem sicheren Pferd (z. B. Typ 3), bis Sie sich besser fühlen, und treten Sie erst danach wieder auf Ihr Pferd zu.

- Üben Sie dann mit Ihrem Pferd unter ähnlichen, für Sie jedoch nicht so beängstigenden Umständen, und nähern Sie sich der eigentlichen Schwierigkeit ohne Druck und in kleinen Schritten (vielleicht statt im Wald mit einem ähnlichen Übungsaufbau in der Reitbahn, oder statt geritten erst einmal geführt).

Typ 2:

- Üben Sie auch hier erst mit einem sicheren Pferd, bis Sie das Gefühl haben, klare Signale setzen zu können, und gehen Sie erst danach mit Ihrem eigenen Pferd wieder in die entsprechende Situation.

- Mit Ihrem Pferd arbeiten Sie inzwischen weiter an Ihrer Beziehung, damit es eine positivere Einstellung bekommt, mit Ihnen etwas zu erreichen, und vielleicht das nächste Mal einfach freundlich sein will.

Typ 3:

- Vertrauen Sie sich der Führung Ihres Pferdes dankbar an. Lernen Sie von ihm zumindest in diesem Punkt, und bauen Sie daraus Selbstsicherheit auf. Später, wenn Sie es wieder können, dürfen Sie dann sicher auch wieder die Führung übernehmen. Keine Sorge – dass Sie Ihrem Pferd vorübergehend die Verantwortung überlassen, bedeutet nicht, dass Sie dadurch in seinem Ansehen sinken.

Auch Pferde unterscheiden nach Situationen. Es ist durchaus möglich, dass sich ansonsten ranghohe Tiere in Situationen, in denen sie sich unsicher fühlen, einem rangniedrigem unterordnen, weil dieses gerade mehr Sicherheit vermittelt.

Sie glauben das nicht? Dann gebe ich Ihnen ein Beispiel: Vor einigen Jahren waren Tasso (der eigentliche Herdenchef unserer kleinen Sippe) und Fjordpferd Erich (der damals letzte in der Rangfolge) gemeinsam auf Wandertour. Erich liebt es, sich in

Ein erfahrenes Pferd ist in der Lage, die Verantwortung für einen unsicheren Reiter zu übernehmen. Solche Pferde vermitteln Sicherheit und sind gute Lehrpferde. Sie erraten auch möglicherweise ungenaue Hilfen, ohne sich aus dem Konzept bringen zu lassen.

unbekannten Gefilden zu bewegen, Tasso hingegen verunsichert so etwas sehr. Also orientierte sich der Große vollkommen fraglos am kleinen Erich. Das verdeutlichte sich für uns Außenstehende unter anderem daran, dass Tasso (sonst völlig undenkbar) respektvoll neben Erich wartete, bis dieser in Ruhe seinen Eimer ausgeleckt hatte, bevor er nachsehen ging, ob er noch ein Körnchen finden würde. Dieser Rollentausch lief absolut selbstverständlich ab und war – wieder daheim – ebenso fraglos wieder beendet.

Umgang mit Widersetzlichkeiten

»Das ist ein Rangordnungsproblem, und dagegen musst du hart vorgehen!«

Tasso hat bereits ganz zu Beginn gesagt, dass wir Menschen sogenannte Widersetzlichkeiten unserer Pferde als Hinweise auf Fehler im Miteinander nehmen sollten.

Um es einmal mit den Worten der 13-jährigen Appaloosa-Stute Colleen zu sagen:

Es ist nicht immer alles logisch. Nicht immer folgt »B« nach »A«, sondern manchmal ist das nur der Ausdruck einer Suche in der völlig falschen Richtung.

Viele Trainingswege bauen leider fast ausschließlich auf einem »Dominanzdenken« auf. Das heißt, wenn ein Pferd sich dem Menschenwillen widersetzt, wird meist ganz oberflächlich ein Rangordnungsproblem diagnostiziert. Dem Pferd wird unterstellt, es respektiere den Menschen nicht.

Ein solches Problem mag in manchen Fällen auch wirklich vorliegen, doch oft wird diese sogenannte Dominanzproblematik einfach vorausgesetzt. Das geht sogar so weit, dass namhafte Trainer in einschlägigen Zeitschriften Fragen gestellt bekommen und diese pauschal beantworten, ohne Pferd und Mensch je gesehen zu haben. Damit reduziert man ein solch vielschichtiges Wesen nicht nur auf einen einzigen Themenbereich, sondern verleitet oftmals den Menschen zu unangemessen hartem Verhalten dem Pferd gegenüber.

Selbst eine wirkliche Dominanzproblematik entsteht meist aus mangelnder Kompetenz des Menschen, und damit werden die empfohlenen Unterordnungstechniken zur hohlen Phrase dem Pferd gegenüber (Stichwort Authentizität). Überzogen hartes, aggressives Verhalten entsteht aus der Hilflosigkeit des Menschen. Damit verbunden ist oft die Unfähigkeit, mit dem einhergehenden Kontrollverlust umzugehen. Daraus resultiert Angst, die wiederum zu Aggressivität führt usw.

Ich möchte zu diesem Thema gerne wieder Lena zu Wort kommen lassen:

Warum reden immer alle von Pferdeliebe und behandeln uns dann wie Maschinen und Untergebene? Braucht ihr das, ihr Menschen? Wir jedenfalls nicht. Uns geht es um Sicherheit und Geborgenheit. Um Kompetenz beim Führpferd, um Ausstrahlung und Charisma. Dann werden wir Freunde und gehorchen gerne. Nicht immer Druck und Unterordnen … Nur ein ganz kleiner Teil ist das. Vielleicht bei einem Fünftel aller Pferde ist das so wichtig, wie ihr immer denkt. Der Rest braucht Liebe und Kompetenz. Dann kommt die Unterordnung von ganz alleine. Sie ist eher die Folge von etwas, was liebevoll geschieht.

Dem ist nichts mehr hinzuzufügen.

»Du musst dich durchsetzen!«

Ich möchte das Thema wieder anhand eines Beispiels verdeutlichen:

Als Ben vor seinem Unfall noch geritten werden konnte, gab er einmal mit mir zusammen einem damals etwa neunjährigen Mädchen Unterricht. Das Mädchen sollte aus dem Trab angaloppieren, was beide in vorangegangenen Stunden schon öfter getan hatten. An diesem Tag machte Ben lediglich einen großen, ungelenken Galoppsprung und blieb danach sanft und vorsichtig stehen, ohne dass das Kind auch nur ins Schwanken geriet. Mehrere Versuche erbrachten das gleiche Ergebnis.

Ich wage zu behaupten, dass viele andere Reitlehrer das Mädchen nun aufgefordert hätten, die Gerte zum Einsatz zu bringen (»Setz dich durch!«), um damit das Pony zum Durchspringen zu veranlassen. Ich fragte Ben lieber, was denn los sei. Seine Antwort:

Ich explodiere gleich. Hol das Kind von meinem Rücken, damit ich es nicht verletze. Ich muss mal kurz toben.

Die Befragung hatte hier eine einfache, ungefährliche Lösung erbracht. Das Mädchen stieg ab. Ben durfte zwei oder drei Runden buckeln, und wir sahen ihm dabei zu. Danach kam er zu uns in die Bahnmitte und holte seine Reiterin wieder ab. Anschließend konnten beide problemlos galoppieren. Die Situation wäre für Mensch und Pferd gefährlich geworden, wenn wir darauf bestanden hätten, uns durchzusetzen.

Meiner Meinung nach sollten also sogenannte Widersetzlichkeiten eines Pferdes nicht als intolerables Verhalten gesehen werden, sondern als berechtigter Versuch des Tieres, seine Grenzen zu wahren. In unserem Fall galt Bens Widersetzlichkeit sogar der Sicherheit der kleinen Reitschülerin.

Man erkennt den Charakter eines Menschen bekanntlich nicht an der Art, wie er mit Gleichgestellten umgeht, sondern daran, wie er Untergebene behandelt – und als solche müssen wir die Pferde in ihrer kompletten Abhängigkeit von uns Menschen leider im Allgemeinen betrachten.

Nun soll Blaustern zu diesem Thema noch zu Wort kommen. Im Auftrag seiner Besitzerin sollte ich ihn fragen, ob sie im Umgang mit ihm alles richtig machte:

Natürlich, wenn was nicht stimmt, signalisiere ich das doch deutlich. (Er sendet mir ein Bild von angelegten Ohren und eingekniffenen Nüstern.) *Dann macht sie es anders. Sie gehört zu den wenigen Menschen, die sich bei mir entschuldigen, wenn ich meckern muss. Das ist eine große Stärke. Darüber bin ich sehr froh. Und dann ist auch wieder alles okay.*

Es gibt natürlich Eigenheiten unserer tierischen Partner, bei denen wir in der Tat im Hinblick auf unser aller Sicherheit darauf pochen sollten, uns durchzusetzen. Doch das bedeutet nicht, dass wir nicht trotzdem versuchen können, zu verstehen, wo ein Verhalten herrührt.

Ein weiteres Beispiel:

Ich kenne Tasso bereits seit über 20 Jahren. Seit wir auf dem Land leben, haben wir ein kleines Problem, das ich lange Zeit einfach nicht verstehen konnte.

Tasso ist (früher weniger, heute mehr) im Straßenverkehr ziemlich entspannt. Manchmal ist er leider sogar zu entspannt. Wir müssen, wenn wir ausreiten oder auf die Außenweide gelangen wollen, die Dorfstraße direkt vor unserer Haustür überqueren. Beim Losgehen klappt das in der Regel auch prima. Auf dem Rückweg allerdings geschieht es häufig, dass Tasso mitten auf der Straße stehen bleibt und vollkommen abschaltet – sozusagen in den Standby-Modus wechselt. Es ist ihm dann auch völlig egal, dass rechts und links die Autos halten müssen. Er steht da und döst. Da auf unserer Straße meist nicht so viel los ist, ist das zum Glück im Allgemeinen nur peinlich. Schon häufiger musste ich absteigen und ihn weiterführen. Das ging dann.

Doch ich machte mir natürlich Sorgen. Ich befürchtete, er hätte so etwas wie Absencen (kurze epileptische Anfälle), weil er auf meine Frage nach dem Grund dieses Verhaltens antwortete, er sei dann *nicht mehr hier, sondern in einer anderen Welt.*

Erst viel später habe ich begriffen, dass es sich um einen Automatismus als Überbleibsel aus seiner Schulpferdezeit handelt. Am Ende einer Stunde wird in Reitschulen auf der Mittellinie aufmarschiert und dort gehalten, bis der nächste Reiter aufsteigt oder der bisherige das Pferd aus der Bahn führt.

Wenn man die Schulpferde bei diesem Ritual beobachtet, stellt man fest, dass viele, die schon länger im Dienst sind, dabei tatsächlich einfach abschalten. Dies erklärt auch, weshalb mein alter Wallach immer nur auf dem Rückweg auf der Straße stehen bleibt.

Da diese Angewohnheit allerdings doch mal gefährlich werden kann, sehe ich inzwischen zu, dass ich Tasso beim Überqueren der Straße verbal wach halte, damit wir ohne »Bremse« darüberkommen. Dösen darf er dann zu Hause.

Erfahrungen und Erkenntnisse

Ganz bewusst habe ich dieses Kapitel so genannt. Vielleicht ist es mir ja irgendwann einmal vergönnt, mich auf wissenschaftliche Studien zu den auf den nächsten Seiten beschriebenen Themen zu berufen. Doch vorerst muss ich mich auf meine Erfahrungen, Wahrnehmungen, Interpretationen und die Aussagen der Pferde in den Kommunikationen verlassen.

Leben und Alltag aus Sicht der Pferde

Ideen aus der Praxis

Intelligenz bei Tieren

»Intelligenz« ist bekanntlich ein strittiger Begriff, der gerade in den letzten Jahren noch einmal einem Wandel unterworfen war. Durch die Fortschritte, die die Forschung macht, sieht sich der Mensch gezwungen, die Kriterien, mit denen er sich der Intelligenz nähert, kontinuierlich zu verändern.

Von Descartes' mechanischem Denkmodell sind wir natürlich schon lange weg, doch wir wehren uns noch immer dagegen, unsere selbstbestimmte Position als »Krone der Schöpfung« aufzugeben, indem wir der Intelligenz Kriterien wie Wort- oder Schriftsprache als Maßeinheit zugrunde legen oder Begriffe wie »emotionale Intelligenz« nicht wertfrei akzeptieren.

Der Zusammenhang zwischen Ursache und Wirkung – Zwei Beispiele

Natürlich sind meine Erkenntnisse über die verstandesmäßigen Fähigkeiten der Pferde innerhalb der gängigen Auffassung von Wissenschaft nicht beweisbar. Doch im achtungsvollen Zusammensein mit den Tieren haben sie sich bisher gut bewährt.

Die folgenden beiden Erfahrungen möchte ich Ihnen relativ unkommentiert schildern, damit Sie Ihr Urteil selbst bilden können.

1. In unserem Zuhause durften wir bis vor kurzem freundlicherweise den Misthaufen unserer Nachbarn mitbenutzen. Deshalb hatten wir in den Zaun zwischen den Grundstücken ein Tor eingebaut. Um dieses Tor zu öffnen, musste man einen kleinen Griff hochheben, ihn oben halten und dabei rückwärts gehen. Wir waren

der Meinung, der Mechanismus sei so kompliziert, dass wir das Tor nicht zusätzlich absichern müssten. Eine Stute, die bis vor Kurzem bei uns wohnte, begleitete ihre Besitzerin oft auf deren Runde, wenn sie die Koppel reinigte. Dabei beobachtete sie anscheinend, wie die Menschen immer den Tormechanismus betätigten – und dann jedes Mal vor ihrer Nase das Tor wieder schlossen. Dass sie nicht mit auf die andere Seite durfte, ärgerte die Stute offenbar. Jedenfalls erwischte die Besitzerin ihre Stute eines Tages dabei, wie sie mit der größten Selbstverständlichkeit auf den Griff biss, ihn hochhob und schließlich mit dem Hebel im Maul rückwärts ging. Damit war das Tor offen. Und wir Menschen hatten wieder etwas gelernt – das besagte Tor ist seither zusätzlich mit einem Karabinerhaken gesichert. Um den zu öffnen, benötigt man einen Daumen, den Pferde definitiv nicht haben.

2. Vor einigen Jahren arbeitete ich mit einem sehr ängstlichen Wallach und dessen Besitzer. Unter anderem konnten Geräusche das Pferd völlig aus dem Konzept bringen. Eines Tages regnete es in Strömen, sodass wir den Unterricht in die Reithalle verlegten. An einer Stelle hinter der Bande war ein klopfendes Geräusch zu hören, das das Pferd sehr gruselig fand. Es weigerte sich deshalb, an dieser Stelle vorbeizugehen. Also zogen wir Menschen unsere Regenjacken an und führten das Pferd an die Außenseite der Halle. Wir sahen, dass oben in der Dachrinne ein Loch war, durch das das Wasser lautstark auf die etwas vorstehende metallene Bodenbegrenzung tropfte. Mit vielen Leckerli, Kopfsenken und der Bewunderung seines Heldenmutes konnten wir den Wallach überreden, sich direkt vor die Begrenzung zu stellen. Als er die Nase unter das Loch in der Dachrinne hielt, bekam er das Wasser ab, und das Geräusch hörte kurzfristig auf. Schließlich ließen wir ihn den Kopf genau dorthin senken, wo das Wasser auf das Metall traf. Er beschnupperte die Stelle und dachte sichtlich nach. Dann führten wir ihn wieder in die Halle an den Punkt, an dem ihn das Geräusch zuvor so aus der Fassung gebracht hatte. Und siehe da: Das Pferd hob den Kopf und schaute nach oben, senkte ihn und schaute nach unten, dachte nach – und entspannte sich zumindest so weit, dass es auch an dieser Stelle wieder auf dem Hufschlag gehen konnte.

Gestehen wir es ihnen zu, können wir mit unseren Pferden ohne Weiteres auf

– ich nenne es einfach mal so – intelligenzbezogene Art arbeiten. Pferde können sich durchaus aufgrund von eigenen Erkenntnissen zurechtfinden, sofern wir ihnen im Zusammensein mit uns die Möglichkeit geben, diese zu machen. Das bedeutet unter anderem, dass wir ihnen, wie in den Beispielen gerade beschrieben, bewusst oder unbewusst die Möglichkeit geben, in neuen Situationen zu Einsichten zu gelangen. Wir Menschen müssen daher nach Wegen suchen, den Pferden im Training zu ermöglichen, kausale Zusammenhänge auf pferdegerechte Art zu verstehen, damit sie in diesem Sinne mitdenken können.

In ihren eigenen Lebenswelten ist das den Pferden (innerhalb der Herde) sowieso möglich. Ich erwähne an dieser Stelle lediglich die vielen Pferde, die mit den Tasthaaren oder dem Schweif testen, ob der Stromzaun angeschaltet ist, bevor sie sich entscheiden, ihn zu ignorieren oder nicht. Dieses Beispiel aus dem Leben unserer domestizierten Pferde zeigt ganz deutlich, dass es Pferden durchaus möglich ist, im Rahmen ihres gewohnten Lebensumfeldes Zusammenhänge zu erfassen, sei es durch Erfahrungen oder Nachdenken – und so viel anders lernen wir Menschen auch nicht. Bei uns geht das Lernen lediglich noch in andere Bereiche, die dem Pferd verschlossen bleiben, wie beispielsweise das Abstrahieren bestimmter Zusammenhänge. In welchen Bereichen **Pferde** sonst noch lernen, bleibt vorerst außerhalb **unseres** Denkhorizontes.

Daher sollten wir vielleicht noch einmal grundlegend klären, welche Auffassung von Intelligenz wir den Tieren zuzugestehen bereit sind. Denn obwohl ich innerhalb meines Trainingskonzeptes großen Wert auf die sogenannte Konditionierung (das Einüben von Vokabeln und Reaktionen darauf) lege, empfinde ich diese nicht als maßgebliches Kriterium der Denkfähigkeit unserer Pferde. Diese Art der Verständigung würde ich nämlich eher als »dressieren« bezeichnen.

Um es noch einmal zu betonen: Ich sehe mich **nicht** ausschließlich als diejenige, die dem Pferd etwas beibringt, sondern ich etabliere auf meine Art im Zusammensein mit dem Pferd **eine** Möglichkeit der Verständigung. Doch gleichzeitig versuche ich, offen zu sein für alle anderen Kommunikationsformen, die möglich sind und zum großen Teil eben auch **vom Pferd** ausgehen.

Ich weiß, Sie kennen mich nun schon ein wenig, doch trotzdem möchte ich es noch einmal betonen, weil es in der Praxis von Pferdebesitzern gerne infrage gestellt wird: Ich erwarte vom Pferd keinen blinden Gehorsam.

Meiner Meinung nach trage ich der Intelligenz eines Pferdes nur dann Rechnung, wenn ich seine Einstellung zu gemeinsam erlebten Situationen (z. B. dem Reiten), und daher zum Teil sein eigenständiges Handeln, in

Tasso spielt gerne mit Bällen – aber nur, wenn er Lust dazu hat.

dem Rahmen akzeptiere, wie es ein Herdenchef ebenfalls tun würde – nämlich in allen Bereichen, die nicht die unmittelbare Sicherheit der Herde und ihrer Individuen betreffen.

Hat das betreffende Pferd eine negative Einstellung dazu, einen Reiter zu tragen, gilt es für mich als Trainer, diese durch Ursachenforschung und das Schaffen neuer positiver Erlebnisse oder das Einüben grundlegender Befähigungen zu verändern.

Übergehe ich die Meinung des Tieres, kann ich auf dieser Grundlage keinen motivierten Partner erwarten. Wenn ich Glück habe, wird das Pferd lediglich unbeteiligt funktionieren. Wenn ich Pech habe, wehrt es sich, und es entstehen wahrscheinlich unerfreuliche oder sogar gefährliche Situationen.

In der Ausbildung von Blindenhunden und solchen, die zur Unterstützung anderer behinderter Menschen eingesetzt werden, wird ebenfalls Wert darauf gelegt, dass der Hund mitdenkt. So soll er sich gegebenenfalls über eine Bitte des Menschen, in eine bestimmte Richtung zu gehen, hinwegsetzen, wenn sich dort eine Gefahr oder ein Hindernis befindet. Genau dies ist für mich eine Grundvoraussetzung für eine echte Partnerschaft. So etwas ist mit einem unterworfenen und auf bedingungslosen Gehorsam getrimmten Hund schlicht nicht möglich.

Das zuvor Beschriebene beinhaltet natürlich, dass das Tier eben nicht immer (nach menschlichen Maßstäben) perfekt »funktioniert«. Ich hatte schon äußerst peinliche Vorführungen mit meinen Lieben, bei denen sie auf bestimmte Übungen gerade keine Lust hatten und mich dann gnadenlos hängenließen. Doch wenn sie spürten, dass etwas wichtig war, konnte ich mich immer auf meine Pferde verlassen.

Entscheiden **Sie** wieder, was für Sie wichtig ist. Intelligenz sowie Partnerschaft bedeuten, dass man auch mal unterschiedlicher Meinung sein darf und muss.

Doch um unsere tierischen Partner nicht komplett auf unsere menschliche Sicht der Welt zu reduzieren, sollten wir zusätzlich zu all unseren Gemeinsamkeiten ihre Andersartigkeit nicht aus dem Blick verlieren. Schließlich können wir anhand von Aspekten, die sich aus dieser Andersartigkeit ergeben, von den Pferden lernen.

Erkenntnisse aus der Tierkommunikation – Zeitempfinden von Pferden

Das Hier und Jetzt

Eine Besonderheit der Pferde (und auch vieler anderer Tiere) ist ihre intuitive Einstellung zur Gegenwart. Oftmals ist diese gekoppelt mit einem unglaublichen Pragmatismus und der Akzeptanz der Gegebenheiten. Mir hat das schon oft geholfen, den Augenblick authentisch zu erleben, anstatt, wie ich es besonders in kritischen Lebenslagen gerne tue, »Was-wäre-wenn-Szenarien« zu entwickeln.

Auch in Bezug auf die eigene Präsenz in der momentanen Situation kann man von Pferden ungemein viel lernen. Vor allem mein Pony Ben Cartwright war mir diesbezüglich immer ein guter Lehrmeister. Hatte ich nicht wirklich Lust, mit ihm zu arbeiten, war ich gestresst oder abgelenkt, wollte er nichts mit mir zu tun haben und ließ mich das durch schlechte Laune und ständiges Ablehnen meiner Übungsvorschläge deutlich spüren. Entweder hatte ich ganz bei ihm zu sein oder gar nicht.

Das heißt, wie bereits erwähnt, im Umkehrschluss allerdings nicht, dass wir (in unserem menschlichen Alltag) anstreben sollten, die Welt **nur noch** aus Tieraugen zu betrachten.

Doch es könnte heißen, dass wir uns die Rosinen herauspicken sollten. Das bedeutet, dass es auch für einen Menschen unter Menschen viele Situationen gibt, die intensiv erlebt werden sollten oder durch die eigene Präsenz im Hier und Jetzt sogar unvergesslich werden können.

Die Vergangenheit

Ein weiterer Aspekt ist, dass Pferde den Bezug zur Vergangenheit anders herstellen als wir. Oftmals ist es einem Pferd, wenn es sich intensiv an eine Situation erinnert, nicht möglich zu realisieren, dass dies lediglich ein Geschehen aus früherer Zeit ist. Zeit ist für Pferde meist nicht linear wie für uns. Das macht ihre Welt einerseits komplexer und reicher (vor allem in spiritueller Hinsicht), doch manchmal auch – zumindest für Außenstehende wie uns Menschen – schwieriger zu verstehen.

An dieser Stelle soll wieder ein Beispiel der Verdeutlichung dienen. Denn dieser Aspekt hat in der Tierkommunikation bereits zu mancherlei Verwirrung geführt:

Im Kapitel über die Selbstverantwortung (ab Seite 45) haben Sie die Stute Samis bereits kennengelernt. Wie erwähnt wandte sich die Besitzerin in ihrer Not, die Entscheidung treffen zu müssen, das Pferd einschläfern zu lassen oder nicht, an mich. Um ihre Zweifel an der Tierkommunikation auszuräumen und sich so weit wie möglich abzusichern, beauftragte sie (was ich erst später erfuhr) ihre Freundin, sich zeitgleich testweise wegen einer Kommunikation mit ihrer Stute Colleen an mich zu wenden.

Nun ist es immer richtig und wichtig, sich Zweifel an jeder Methode, sei sie nun etabliert oder ungewöhnlich, zu erhalten. Auch ich hinterfrage mich immer wieder aufs Neue. In diesem Fall stellte sich jedoch heraus, dass niemand mit der Empathiefähigkeit und dem unterschiedlichen Zeitempfinden von Pferden gerechnet hatte:

Ich bekam, als ich in einem Café saß, eine dringende Leidensbotschaft von Colleen. Eigentlich hatte ich gerade gar nicht an meinen aktuellen Kommunikationsauftrag gedacht. Sie sagte damals:

Hält und hält und muss alles kontrollieren. Dabei ist Reiten Loslassen. Wie soll ich sie denn tragen, wenn sie mich nicht lässt? Auch ihre Seele. Ich habe sie doch gern! Ich bin viel weitreichender als mein Körper … Hol mich hier weg, mach weniger Druck und fang an, mir zuzuhören.

Dazu sandte sie mir eine so unglaubliche Not, dass ich schnellstmöglich nach Hause fuhr, um Kontakt mit der Besitzerin aufzunehmen. Von dieser kam eine völlig verständnislose Rückmeldung. Sie sagte, Colleen sei ein Traumpferd und sie hätten eine sehr harmonische Beziehung.

Was war passiert? Schließlich stellte sich heraus, dass Colleen die Mutter von Samis ist. Das konnte ich natürlich nicht wissen. Für mich handelte es sich um zwei unterschiedliche Kommunikationsaufträge, die zufällig relativ zeitnah bei mir eintrafen.

Doch die beiden Stuten wurden, bis Samis zur Ausbildung in einen anderen Stall kam, gemeinsam in einer kleinen Herde sehr nah bei ihren beiden Besitzerinnen gehalten und hatten sowohl zu ihren Menschen als auch zueinander eine enge Beziehung.

Aktuell war die ältere Stute mit ihrer Tochter natürlich in telepathischer Verbindung und wusste von deren Not. In ihrer eigenen Vergangenheit hatte Colleen selbst eine Ausbildung erhalten, die sie als ähnlich unangenehm empfunden hatte, wie ihre Tochter Samis nun die ihre empfand. Colleen hatte damals aufgrund zu strammer Zügelhaltung viel gebuckelt und war laut Aussage ihrer Besitzerin auch sonst recht widersetzlich gewesen – so lange, bis diese den Reitlehrer gewechselt und den Reitstil komplett auf eine sanftere Weise umgestellt hatte.

Obwohl es also – realistisch gesehen – der älteren Stute zum gegenwärtigen Zeitpunkt gut ging, durchlebte sie einerseits empathisch die Not ihrer Tochter sowie die eigene Erinnerung und machte sich andererseits zum Sprachrohr für Samis.

Da ein Pferd in solchen Momenten »Jetzt« und »Früher« oft nicht unterscheiden kann und in seinem Wesen als Herdentier zum Teil auch völlig mit einem anderen Lebewesen verschmilzt (ein Zustand, den wir Menschen ja beim Reiten nur zu gerne erlangen würden), war es für mich, die ich keine Kenntnis von den Beziehungen aller Beteiligten hatte, natürlich unmöglich zu merken, wer da für wen sprach und fühlte – und vor allem, wann.

Es war nicht gerade die feine Art, mich so unaufgeklärt zu lassen. Doch nach den vielen schlechten Erfahrungen, die diese Pferde und die Menschen mit vermeintlichen Fachleuten bereits gemacht hatten, konnte ich die beiden Frauen gut verstehen. Außerdem bin ich den beiden für diese Lektion dankbar, weil ich dadurch noch einmal viel über die »Weltanschauung« unserer tierischen Partner und ihre Fähigkeit zu Empathie und Verschmelzung gelernt habe.

Nachdem die Situation geklärt war, fragte ich bei Colleen natürlich noch einmal nach. Ich fragte sie dezidiert, wie es denn nun und hier zwischen ihr und ihrer Besitzerin lief, und erzählte ihr, dass sie sich um Samis keine Sorgen machen solle, weil diese nicht eingeschläfert werden würde und bald nach Hause käme. Daraufhin bekam ich eine wesentlich differenziertere Antwort:

Sie zwingt mich eh nicht. Wir machen Kompromisse. Das ist prima. Anders als früher. Hat sich viel geändert. Ich bin nicht mehr das zu beherrschende Monster (so kam ich mir vor), sondern Freundin und Partnerin. Wie gewünscht. Das ist toll.

Auch Colleen traf ich später bei einem Kurs persönlich und lernte ein ausgeglichenes, zufriedenes Pferd kennen, das sanft geritten wurde und willig mitarbeitete.

So viel zum Bezug der Pferde zur Vergangenheit und ihrem Erleben derselben. Ich bin mir sicher, dass auch wir davon profitieren können. Uns fällt aufgrund unserer Sichtweise die Einordnung der Zeit und vor allem die Trennung von Gegenwart und Vergangenheit zwar leichter, doch weil wir alle unsere Vergangenheit als Erfahrungen in uns tragen, können wir von den Pferden lernen, wie wichtig die Vergangenheit ist, um Verhaltensweisen und Sichtweisen in der Gegenwart erklären zu können.

Wir haben also einerseits die Möglichkeit, aus der Vergangenheit zu lernen, indem wir uns – wie im Beispiel – unangenehme Gefühle in Erinnerung rufen oder uns aufgrund unserer Erfahrungen in andere Lebewesen hineinversetzen können. Ich empfinde gerade Letzteres als eine große Stärke, weil es uns Menschen, sofern wir den Lernauftrag unserer Pferde annehmen, einen liebevollen Umgang mit unseren Mitgeschöpfen geradezu aufdrängt.

»Was du nicht willst, das man dir tu, das füg auch keinem andern zu« lautet eine vom Volksmund vereinfachte Form von Kants kategorischem Imperativ.

Die Folgen des eigenen Handelns abschätzen

Auch die Fähigkeit, die Folgen des eigenen Handelns für die Zukunft abzusehen, ist – vorsichtig ausgedrückt – bei Pferden definitiv anders ausgeprägt als bei uns.

Pferde sind weniger als wir vom Verstand geprägt, weil die Instinkte des Beutetieres eine wesentlich größere Rolle für das Überleben spielen als die des Menschen. Ein Pferd, das sich fürchtet, wird im ersten Reflex immer auf seinen Fluchtinstinkt zurückgreifen, auch wenn es eigentlich nicht vorhat, seinen Reiter zu gefährden. Die wenigsten Pferde können in Instinktsituationen ihre Reaktionen kontrollieren. Im Nachhinein tut es den meisten Pferden leid.

Was wir tun können, um relativ gefahrenarm mit den Pferden zusammen zu sein? Wir können beispielsweise in einem gewissen Rahmen einmal mehr von uns auf das Pferd schließen.

Uns Menschen ist es möglich, ein erlerntes Verhalten zu automatisieren. Wir tun dies unter anderem beim Rad- und Autofahren. Dieses Verhalten läuft dann auch in kritischen Situationen (z. B. bei Unfällen) instinkthaft ab. Müssen wir im Straßenverkehr schnell stoppen, überlegen wir nicht erst lange, welches Pedal für die Kupplung, welches für das Gas und welches für die Verzögerung zuständig ist, sondern wir treten innerhalb von Sekundenbruchteilen auf die Bremse. Ein solches Verhalten ist beim Pferd ebenfalls möglich, sofern wir – Sie ahnen es sicher schon – konsequent und mit viel Geduld üben, üben, üben …

Allerdings muss ich einschränkend hinzufügen, dass ein Automatismus niemals den Stellenwert eines Instinktes erhalten kann. Natürlich ist es leichter, ein Verhalten an einer bisher unbesetzten Stelle zu automatisieren als dort, wo es einen Instinkt ersetzen müsste. Hier greift die Strategie, die ich bereits im Kapitel »Vom Denken zum Fühlen« auf Seite 103 beschrieben habe: Je sicherer sich unser Pferd insgesamt fühlt, desto weniger wird es eine Flucht für nötig erachten.

Damit sind wir wieder bei der Grundintention meines Trainings: Wir können das Selbstbewusstsein und die Selbstsicherheit (die bei Lauftieren eng an eine gute Körperbeherrschung geknüpft sind) steigern. Dadurch wird es möglich, dass der Fluchtinstinkt (der ja mit dem Gefühl Angst einhergeht) später oder vielleicht sogar überhaupt nicht greift. Denn die auslösende Situation wird nicht mehr als so bedrohlich erlebt.

»Nicht immer mit allem hadern«

Schließlich können Eigenschaften auch einfach zur Persönlichkeit des anderen gehören. Liebe heißt auch, den anderen so zu akzeptieren, wie er ist.

Schlussbemerkungen

Vor Kurzem holte ich Tasso und Siluna von der Außenweide nach Hause. Die beiden waren dort schon eine ganze Weile und sollten deshalb eigentlich entspannt und vollgefressen sein. Da der Weg nach Hause relativ weit war, setzte ich mich auf meinen ungesattelten Profi und nahm die Stute als Handpferd dazu.

An jenem Tag war allerdings nur Siluna entspannt und vollgefressen. Tasso hatte es extrem eilig heimzukommen und versuchte ständig, sich schneller als (wie von mir gewünscht) im Schritt nach Hause zu bewegen. Siluna musste sich daher ordentlich anstrengen, um mitzuhalten, und ich war tatsächlich gezwungen, zu reiten. Eigentlich wollte ich mich gemütlich heimtragen lassen. All meine so schön erarbeiteten und in diesem Buch für Sie niedergeschriebenen Tricks halfen nicht. Im Endeffekt fanden wir schließlich den Kompromiss zwischen gemütlichem Trödeln (meiner und Silunas Wunsch) und gestrecktem Galopp (Tassos Intention), indem wir eine Mischung aus Zuckeltrab und Passage vollführten.

Diese Situation brachte mich auf die Idee, Tasso zum Abschluss des Buches folgende Frage zu stellen:

Lieber Tasso, wir haben nun in diesem Buch viele Tipps für ein sanftes, verständnisvolles Miteinander erarbeitet. Was ist, wenn das alles einmal nicht funktioniert?

Was meinst du?

Es gibt Situationen, in denen ein Pferd einfach nicht erreichbar ist. Es hat seine eigene Meinung, große Angst oder so.

Du denkst an den Ritt von der Weide nach Hause?

Ja, der brachte mich auf die Idee, dich das zu fragen. Ich saß entspannt und locker (fand ich), ließ eine Atemblase entstehen und war bei allem Verständnis der Meinung, dass ein schneller Schritt vollkommen ausgereicht hätte.

Ja, du hast recht. Manchmal wirkt es, als sei mir egal, was aus dir da oben wird. Doch das stimmt nicht. Wenn du genau nachdenkst, weißt du, dass ich mich am liebsten im gestreckten Galopp nach Hause bewegt hätte. Das war also schon ein Kompromiss.

Doch um ehrlich zu sein, fühlt sich ein Mensch nicht wirklich sicher auf so einer explosiven 700-Kilo-Masse. Außerdem bist du kein junger Hengst mehr, sondern ein alter Wallach. Wie kommt es zu solchen Situationen?

Ich bin trotz meines Alters weiterhin ein Individuum. Ein Leittier. Ich gehe manchmal einfach meinen Weg. Siluna musste ebenfalls zusehen, dass sie mithielt. Du hättest ja absteigen und von unten stänkern können.

Stimmt, aber dazu war ich zu faul. Außerdem vertraute ich dir, dass du trotzdem auf mich und Siluna aufpassen würdest.

Und genau deshalb ist auch nichts weiter passiert. Insgeheim hast du dich doch gefreut, was ich noch an Pep habe.

Ich war schon stolz auf dich. Heißt das also, wenn nichts von allen Methoden und Tricks, die man so kennt (und die sonst auch greifen), funktioniert, sind Kompromisse angebracht?

Ja, und auch angebracht ist die Frage nach dem eigenen Sicherheitsgefühl. Wenn du mir nicht vertraut hättest, wärst du abgestiegen. Es war also auch eine Vertrauensfrage. Wir sind wieder bei einem deiner Lieblingssprüche: »Ein Problem entsteht nur aufgrund unserer Sichtweise auf eine Situation.«

Du meinst, ich hätte die Situation schlicht genießen und mit dir und Siluna zur Straße galoppieren sollen? Du wärst mit Sicherheit nicht mehr kontrollierbar gewesen. Und es gibt Situationen, in denen wir Menschen einfach die Kontrolle behalten müssen. Bei allem Respekt für deine Weisheit, mein Lieber, die Gefährlichkeit des Straßenverkehrs kannst du nach wie vor nicht einschätzen. Das ist auch in Ordnung, du bist ein Pferd. Der Verkehr ist von Menschen gemacht. Und eben gefährlich, wenn man sich nicht entsprechend vorsichtig verhält.

Du weißt, was ich meine. Du hättest absteigen können. Auf Sicherheit bedacht. Dann wärst du zwar genervt gewesen von unserem Gehampel, aber nicht in Gefahr.

Was ich damit sagen möchte, ist, dass es bei aller Freundschaft auch mal Interessenkonflikte geben kann. Ist es für dich tolerabel, kannst du es durchgehen lassen oder Kompromisse schließen. Wenn nicht, musst du Lösungen suchen. Ein Verhalten (von Mensch oder Pferd) hat immer einen Grund, das hast du selbst beschrieben. Ist der Grund eine eigene Meinung des Pferdes, muss der Mensch einfach sehen, ob es ein einmaliges Problem ist oder ein dauerhaftes. Daran schließen dann die Lösungsversuche an. Wenn ich jetzt immer so explosiv auf dem Heimweg wäre, müsstest du vielleicht eine Methode suchen, mit mir zu üben, ruhiger zu werden. Wieder Ursachenforschung betreiben. Wenn möglich, den Grund beseitigen. Wenn nicht (Mücken kann man beispielsweise nicht abschaffen), zu anderen Zeiten rausgehen, eine andere Wiese auftun oder schlicht und einfach zu Fuß gehen. Auf das Training bezogen solltest du mich beobachten, um zu erfahren, woher mein Verhalten stammt, und wieder deine Empathie und Kreativität einsetzen, um Lösungen zu finden.

Für deine Schüler heißt das vor allem, weiter offen zu sein für Methoden und Ansätze des Pferdetrainings. Aber vor allem ist die Offenheit für ihr Pferd wichtig. Es gibt Lösungen für alles. Man muss nur lange genug suchen, sich auf das Gegenüber einstellen und in entschärften Situationen in kleinen Schritten üben. Wie gehabt.

Das Resümee des Buches: Gibt es keine Lösung für ein Problem – kann ja mal sein –, dann muss Mensch (oder auch Pferd) eben die eigene Einstellung zur Situation ändern. Schließlich können Eigenschaften auch einfach zur Persönlichkeit des anderen gehören. Liebe heißt auch, den anderen akzeptieren, wie er ist.

Und ich produziere mich nun mal manchmal gerne. Du hast es ja schließlich auch akzeptiert: Du hast es genossen, dass ich noch so fit bin, und dich gefreut.

Gut, ich habe verstanden. Pferde sind genauso Persönlichkeiten wie Menschen. Man kann in jungen Jahren Regeln des Zusammenlebens festlegen (Erziehung und Ausbildung), doch die Persönlichkeit des anderen sollte man nehmen, wie sie ist.

Genau so ist es. Wir lieben euch auch mit all euren Fehlern. Also kannst du ebenfalls mal akzeptieren, wenn ich albern bin. Auch wenn ich für so was eigentlich zu alt bin. Manchmal sitzt mir der Schalk einfach im Nacken und will raus. Ich habe Spaß, und wir freuen uns doch zusammen über meine Lebensfreude. Solange ich eben noch da bin. Das wird nicht mehr ewig sein. Das weißt du.

Ja, ich weiß. Und ich bin froh über jeden Tag, den wir noch zusammen verbringen können, mein großes, albernes Pferd.

Na siehst du. Nicht immer mit allem hadern. Manches kann auch einfach lustig sein. Vertrau mir, und hör auf deinen Bauch. Mach das mit, wobei du dich sicher fühlst, und lass das, was dir Angst macht. Dann kommen wir weiter prima klar. Alles andere kann man üben.

Vielen Dank, Tasso. Das ist ein gutes Schlusswort für unser Buch.

Ja, nun ist es abgeschlossen, und ich werde meine Rente genießen.

Danksagung

Ich möchte mich bei allen bedanken, die mich bei der Entstehung dieses Buches unterstützt haben. Im Laufe der Arbeit daran sind es so viele geworden, dass ich hier unmöglich alle namentlich erwähnen kann.

Daher soll an dieser Stelle ein namenloser Riesendank an alle stehen, die mir schriftlich festgehaltene Kommunikationen mit ihren Pferden zur Verfügung gestellt haben, und an alle, die zum Teil viel Zeit für Fotografien (als Fotomotive und/oder als Fotografen) geopfert haben und mir die Bilder anschließend überlassen haben.

Manchmal sind die Bilder dann aufgrund der geringen Leistungsfähigkeit meiner Kamera noch nicht einmal verwendbar gewesen – an dieser Stelle ein großes »Tut mir leid« an Cathrin Gollmer und Wetlock. Ihr wärt ein Buchfoto-Traumpaar, wenn meine Kamera besser wäre.

Dank auch an jene, deren Pferde ich reiten oder mit ihnen üben durfte für solche Bilder, die mit meinen beiden alten Herren nicht mehr möglich sind. Besonders viele Aufnahmen gab es daher ganz zum Schluss noch mit Ponystute Ginger. An sie und den Ponyhof Neuholland dafür große Anerkennung.

Dank insbesondere und vor allem an die Pferde selbst, die mir inhaltlich, in Kommunikationen oder für die Fotos geholfen haben. An erster Stelle stehen hier selbstverständlich meine beiden tierischen Lehrer Tasso und Ben Cartwright.

Schließlich möchte ich mich noch bei meinem Partner Jörg Rosenkranz bedanken, der mir trotz diverser Schwierigkeiten und Hindernisse den Rücken freigehalten hat.

Nicht zuletzt gilt mein Dank auch unserem Sohn Tizian, der mich durch eine Risikoschwangerschaft, die ich im Bett verbringen musste, dazu gezwungen hat, mir endlich die Zeit zum Schreiben zu nehmen.

Literatur

Bauer, Joachim: *Warum ich fühle, was du fühlst. Intuitive Kommunikation und das Geheimnis der Spiegelneuronen*. Heyne 2006.

Borelle, Bea/Braun, Grudrun: *Bea Borelles Pferdetraining. Bewusst – befähigt – begeistert*. Kosmos 2002.

Bruns, Sabine/Wagner, Susanne: *Physio-Riding®. Das Trainingslexikon. 108 Probleme zwischen Pferd und Reiter*. b-vp 2008.

Dorsch Psychologisches Wörterbuch. Verlag Hans Huber 1987.

Geitner, Michael: *Be strict – Denken wie ein Pferd*. Müller Rüschlikon 2001.

Karl, Philippe: *Klassische Dressur*. DVD, Produktion Thomas Vogel.

Karl, Philippe: *Reitkunst. Klassische Dressur bis zur Hohen Schule*. blv 2002.

Lao-tse: *Tao-Te-King. Das heilige Buch vom Tao*. Neu übertragen und mit einer Einführung versehen von Zensho W. Kopp. Schirner 2010.

Lind, Carola/Müller, Karin: *Der sechste Sinn. Zwiesprache mit Pferden*. Kosmos 2001.

Lind, Carola/Müller, Karin: *Wie Pferde ihre Menschen spiegeln*. Kosmos 2005.

Linder Biologie. J. B. Metzler 1983.

Polenski, Anneke/Segebrecht, Leander: *Blaue Feder singt. Lyrik und Fotografie*. Pro Business 2008.

Abbildungen

Alle Fotos in diesem Buch wurden der Autorin von den jeweiligen Fotografinnen und Fotografen übereignet bzw. zur Verfügung gestellt. Sie stammen daher aus Stephanie Ostendorfs privatem Archiv. Das Copyright liegt bei ihr.

Für die Überlassung der Fotografien noch einmal vielen Dank insbesondere an Gordana Borth, Melina Kannegießer, Bernd-Uwe Krause und Anneke Polenski.

Haftungsausschluss

Die in diesem Buch vorgestellten Übungen haben sich in der langjährigen Arbeit der Autorin mit Pferden bewährt. Den Lesern wird ausdrücklich empfohlen, bei jeder eigenständigen Durchführung das Risiko eines Schadens für Mensch, Tier oder Gegenstände sorgfältig zu prüfen. Weder die Autorin noch der Verlag übernehmen eine Haftung.

Über die Autorin

Stephanie Ostendorf, Jahrgang 1970, ist Diplom-Pädagogin und arbeitet seit vielen Jahren in der ambulanten Jugendhilfe. Ihre Leidenschaft für Pferde hat sie mit ihrer beruflichen Weiterentwicklung verbunden: Sie ließ sich zur Fachübungsleiterin für Voltigieren ausbilden, erwarb Zusatzqualifikationen in den Bereichen Motopädagogik und Psychomotorik und bildet sich stetig in der Tierkommunikation fort.

Diese Verbindungen und die Erfahrungen, die sie als Pädagogin und Ausbilderin gemacht hat, ermöglichen Stephanie Ostendorf eine außergewöhnliche Sichtweise darauf, wie Mensch und Tier sich gegenseitig bereichern und voneinander profitieren können.

Ihr Engagement für »schwierige« und unglückliche Tiere führte die Autorin nach jahrzehntelanger Beschäftigung mit Pferden von Berlin aufs Land, wo sie heute mit ihrer Familie in einem kleinen Dorf in unmittelbarer Nähe zu ihren Pferden lebt. Diese Nähe hat ihr Verständnis für das Wesen des Pferdes und die artgemäße Kommunikation noch weiter vertieft.

Stephanie Ostendorf bildet Pferde aus oder therapiert solche, die schlechte Erfahrungen mit Menschen gemacht haben, und sie bietet Kurse für individuelles Pferdetraining und die telepathische Kommunikation mit Tieren an. In der Arbeit mit Pferden liegt ihr Schwerpunkt nicht nur bei problematischen Tieren. Auch die vorbereitende Arbeit mit jungen Pferden, das begleitende Training bei Reitpferden und die Beschäftigung von alten, kranken und/oder nicht (mehr) reitbaren Pferden liegen ihr am Herzen.

Weitere Informationen unter:
www.arche-ziethen.org sowie
st.ostendorf@arche-ziethen.org

Tschüs!

Ariane Schurmann & Edwin Wittwer

Was willst du mir sagen?

Die Seelensprache der Pferde

248 Seiten

ISBN 978-3-8434-0917-9

Pferde sind einzigartige Tiere und ein Spiegel unseres Seins. Um erfolgreich mit ihnen kommunizieren zu können, müssen wir sie verstehen – und das Erlernen der Pferdesprache ist eine faszinierende Reise zu uns selbst. In diesem Buch begleiten uns Ariane Schurmann und Edwin Wittwer auf dieser spannenden Reise und unterstützen uns dabei, ein natürlicher PferdeMensch zu werden. Die Autoren verfügen aufgrund ihrer langjährigen Erfahrung im natürlichen Umgang mit den edlen Tieren über ein immenses Wissen. Sie gehen davon aus, dass wir schon alles in uns haben, was nötig ist, um wirklich gut mit Pferden umzugehen – wir müssen nur die Barrieren überwinden, die uns davon abhalten, wir selbst zu sein. In dem Moment, in dem unser Herz sich den edlen Tieren öffnet, ist es leicht, ihre Sprache zu lernen – die Grenzen lösen sich auf, und Einheit entsteht.

Die tiefe Liebe der Autoren zu Pferden ist in jedem Satz dieses Buches spürbar. Lassen Sie sich von dieser Leidenschaft mitreißen, erfahren Sie mehr über diese außergewöhnlichen Tiere und sich selbst – und werden auch Sie ein wahrer AsvaNara!

Ariane Schurmann & Edwin Wittwer
AsvaNara – PferdeMensch
Mit Pferden kommunizieren
248 Seiten
ISBN 978-3-8434-1003-8

Ariane Schurmann und Edwin Wittwer erklären, wie die Beziehung zwischen Pferd und Mensch zu einer echten Partnerschaft wachsen kann, einer Partnerschaft mit gegenseitigem Respekt und Vertrauen. Auf gewohnt faszinierende Art vermitteln uns die Autoren,was einen AsvaNara, einen echten natürlichen PferdeMenschen ausmacht. Im ersten Teil des Buches geben sie Antworten auf Fragen, die bei der Entwicklung zu selbigem auftauchen können. Im darauf folgenden Praxisteil, der sich mit dem Aufbau der natürlichen Beziehung beschäftigt, teilen sie mit uns Lesern Erfahrungen aus ihrer langjährigen Arbeit und stellen Konzepte, Prinzipien und Übungen auf gut verständliche Weise vor. Bewegende Fallgeschichten bilden den dritten Teil des Buches, in dem wir erfahren, wie das Leben von Pferden in der Menschenwelt häufig ist – und wie es sein sollte.

Ariane Schurmann und Edwin Wittwer zeigen, dass es viel einfacher ist, den Traum von der Harmonie mit Pferden zu leben, als wir denken. Alles ist möglich, wenn das Pferd Teil unserer selbst wird …

Ina Ruschinski

Dein Pferd – Spiegel deiner Seele

184 Seiten

ISBN 978-3-8434-1006-9

Pferde üben einen besonderen Zauber auf viele Menschen aus. Damit verbunden ist die Suche nach dem geheimnisvollen Schlüssel zum Verschmelzen mit dem Pferd, dem Schlüssel, der die absolute Kommunikation ermöglicht und das Tier wie durch ein Wunder an seinen Menschen bindet.

Wenn Sie sich trauen, die vielen kleinen und großen, manchmal beschwerlichen Schritte zur Erkenntnis Ihres wahren Selbst zu gehen, wird sich auch bei Ihnen der Zauber zwischen dem Wesen Pferd und dem Wesen Mensch auf mystische, aber auch auf ganz reale Art vertiefen.

Die Autorin lädt Sie ein, mit ihr auf eine Reise zu gehen, eine Reise zurück zur Quelle, in die eigene Seele, die sich nach der Verbindung mit der Pferdeseele sehnt. Schon die Bereitschaft, diese Reise anzutreten, wird Wesentliches in Ihrem Leben verändern, nicht nur im Umgang mit Pferden …